新文京開發出版股份有限公司
NEW WCDP
新世紀．新視野．新文京 — 精選教科書．考試用書．專業參考書

New Wun Ching Developmental Publishing Co., Ltd.
New Age · New Choice · The Best Selected Educational Publications — NEW WCDP

生命科學
Life Sciences

第 7 版
SEVENTH EDITION

微生物學實驗

編著 方世華 吳禮字 李珍珍 李哲欣 洪千惠 陳筱晴 項千芸
劉昭君 賴志河 鍾景光 盧敏吉 陳惠珍 潘怡均

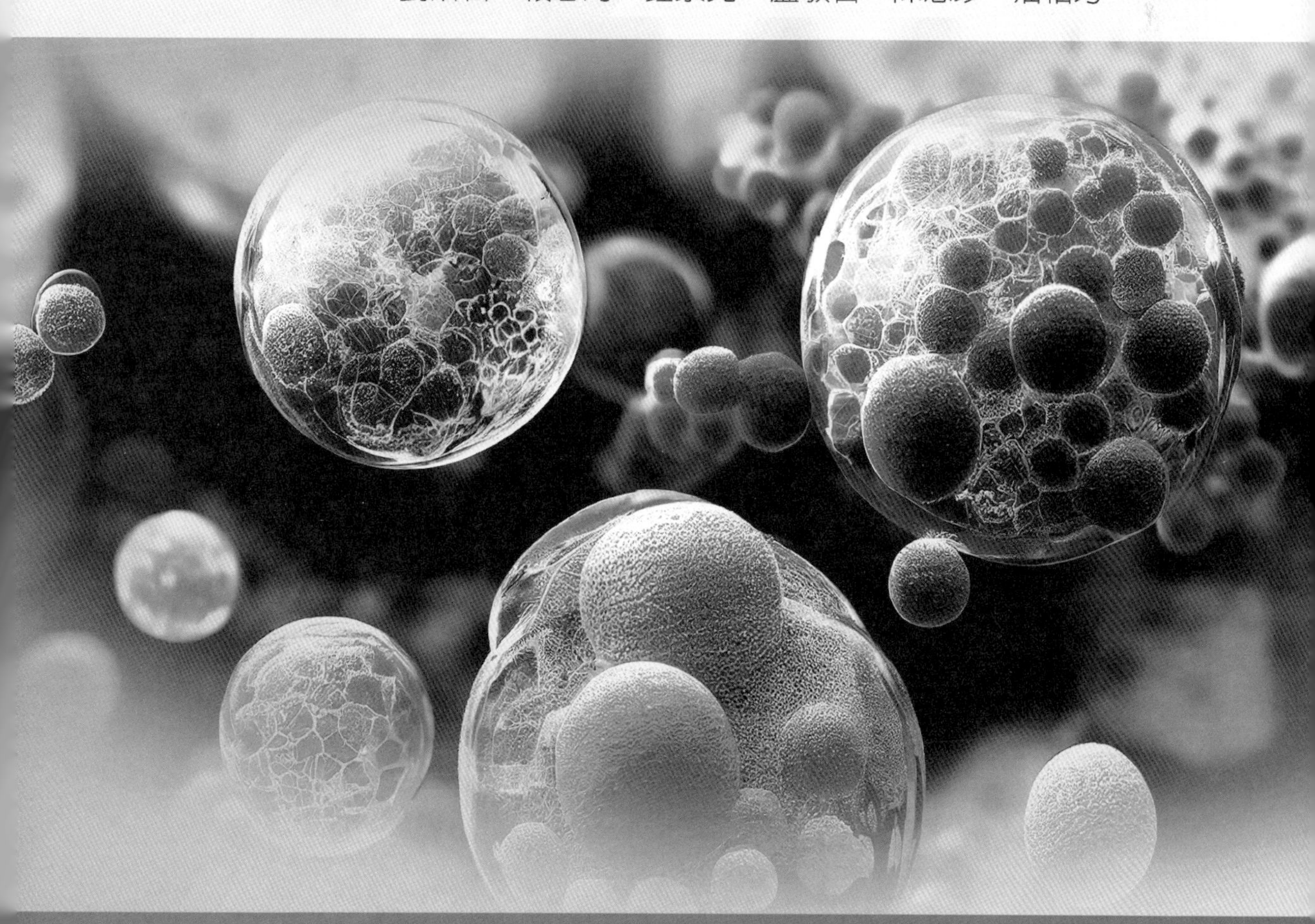

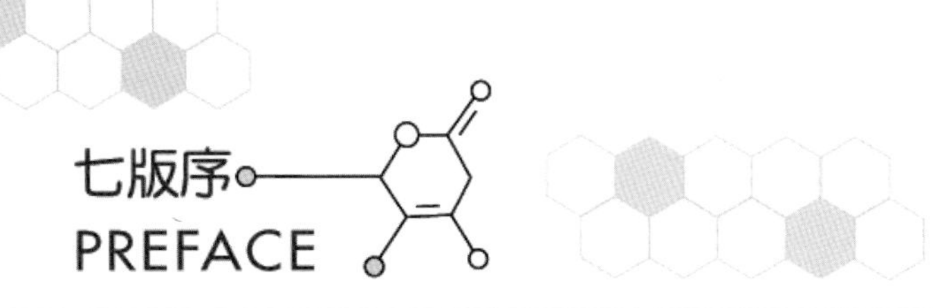

七版序 PREFACE

微生物與免疫學是臨床醫學的基礎，同時也是醫護相關科系學生必修的重要課程之一。而微生物與免疫學實驗則是讓同學能夠結合理論的實踐，將多為肉眼不可見的微生物，進行實地體驗和學習，以熟悉生命科學實驗中微生物基本的操作技術與方法。

現今坊間的微生物學實驗課本，內容生動、資料更是豐富，但對同學來說，多元化的實驗課程負擔將是沉重的。在考慮醫學院學生必須修習許多課程的龐大壓力下，精選具代表性且實用的實驗課程內容是必須的。本實驗課本是由中國醫藥大學微生物及免疫學的授課教師們，在多年的授課經驗累積，基於學生的需要，整理了數個較具代表性的實驗編輯成書。

《微生物學實驗》共分為六個章節 20 個實驗，內容涵蓋：微生物基本技術、細菌、病毒、黴菌、免疫與微生物遺傳學等實驗，除了揭櫫實驗目的、材料方法、實驗注意事項與觀察結果外，更強化以文獻證據為基礎的呈現實驗結果方式。新版主要針對內容勘正疏誤，希望本書在對於同學的實驗過程及疑惑的解答上，能有所助益。

雖然內容的安排與編輯歷經多次審核，但難免會有遺漏或不完整之處，尚冀先進不吝指正，以期更臻完美。

編著者 謹識

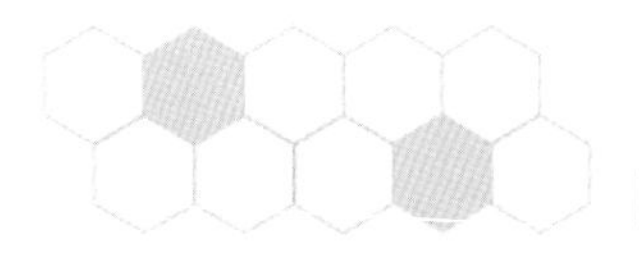

目 錄
CONTENTS

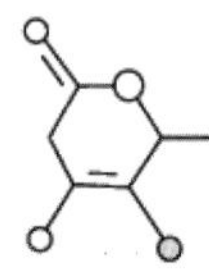

Microbiology Selected Experiments

實驗室安全規則和注意事項

實驗室為了維護人員的安全和實驗品質，必須訂定安全規則，尤其是微生物學實驗室，因為所用的材料常為肉眼無法看見的致病性微生物(pathogens)，使用的儀器常需滅菌，操作方法需使用無菌操作法。因此在實驗進行中特別要小心謹慎，確實遵守實驗室安全規則和注意事項，以防止實驗材料受到汙染(contamination)，並確保工作人員安全。

1. 每次實驗需著長及膝的實驗衣，以防受到汙染或染劑染色至一般衣服。
2. 進入實驗室，需將外套、書籍及私人的物品放置在規定的位置。切勿將實驗不相關之物品放在實驗桌面上。
3. 進入實驗室和離開之前，需用消毒劑（70%酒精或 2%來舒(Lysol)）將桌面擦拭消毒。做完實驗後，徹底清洗雙手。
4. 在實驗過程中如有需要，請將門窗關閉，以防受到空氣的汙染。
5. 實驗室內酒精燈或各種儀器在使用之前須先瞭解使用方法。
6. 嚴禁在實驗室內大聲喧嘩、吸菸和飲食。
7. 萬一有任何物品受到細菌汙染，應趕快通知老師或實驗室的專職人員做適當的處理。實驗操作時注意個人衛生習慣與安全，以避免自己或他人受到汙染。
8. 嚴禁將實驗室內培養基、菌種及器材攜帶外出。實驗室其他物品勿隨意觸摸或移動，以免發生汙染或意外。顯微鏡需知、正確的使用和保養，將於課堂中講解。

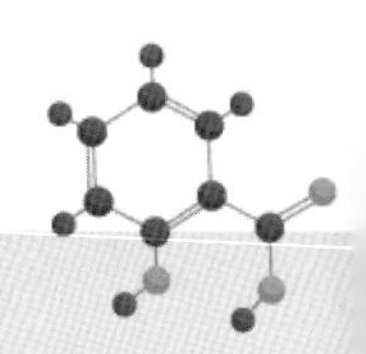

9. 接種環(loop)、接種針(needle)和玻璃吸量管(pipette)勿隨意置於桌面上。接種環和接種針使用前後一定要用火燄燒滅菌，置於架上。玻璃吸量管使用完畢要放入含有漂白劑的吸量管桶內。

10. 實驗完畢，所有的培養液和器材應置於各指定的位置。液體嚴禁倒入水槽，所有欲丟棄的物品需滅菌處理後才能丟棄。

11. 每次應安排一組人員輪值，負責分發實驗用品。實驗結束後，各組應將桌面清理乾淨，輪值人員應負責最後實驗室的清潔及物品、椅子和空調等復原工作。

12. 實驗結果須於隔天觀察者，應準時至實驗室記錄觀察結果。

13. 實驗分組以四人為一組，請照學號順序排列，每組分發一支油性簽字筆，請在每次實驗課帶來以便標記實驗組別等。

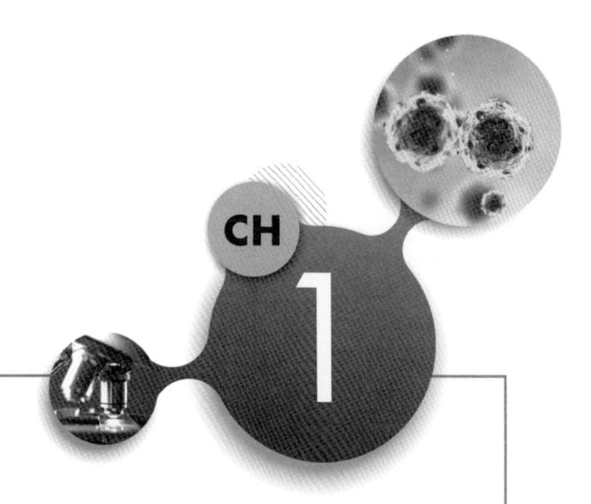

概論與技術

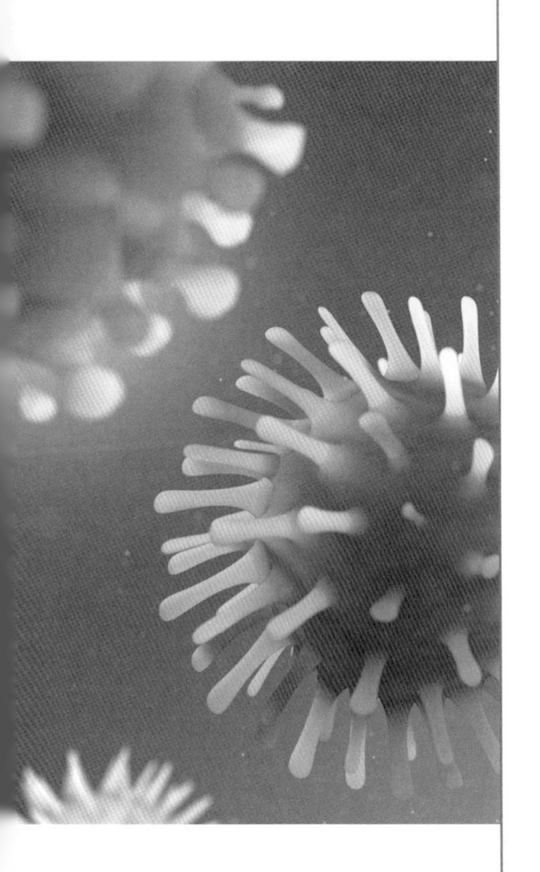

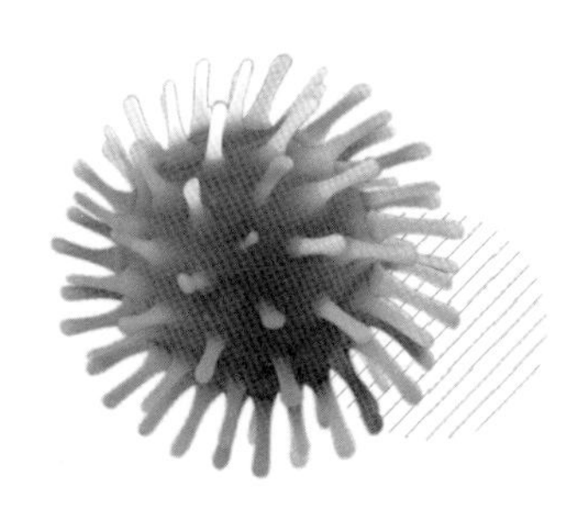

Microbiology Selected Experiments

微生物(microorganism)乃指一群微小的生物，它們分布的範圍非常廣，可以說幾乎無所不在，例如空氣中、食物中、日常生活的各項器具上等，與我們的生活息息相關。但是，由於它的體積非常小，無法以肉眼觀察，所以常被人所忽略。本實驗即藉由培養基中細菌菌落(colony)狀況可以瞭解環境中微生物分布的情形。

一、目 的

1. 讓同學瞭解實驗室的空氣及口腔中的微生物分布情形。
2. 瞭解日常生活中，如何正確的洗手以去除微生物，並加強衛生觀念。
3. 培養同學無菌操作的觀念與技術。

二、實驗材料

1. 四片營養培養基平盤(nutrient agar plate)，營養培養基成分包括：
   (1) 牛肉萃取物(beef extract, 1%)。
   (2) 蛋白腖(peptone, 1%)。
   (3) 氯化鈉(NaCl, 0.3~0.5%)。
   (4) 洋菜膠(agar, 1.5%)。
2. 無菌衛生紙（包於白報紙內）。

三、實驗步驟

1. 空氣中的細菌（落菌試驗）

   (1) 自由選擇實驗室的一個角落。
   (2) 打開培養皿的蓋子，在空氣中暴露 30 分鐘。
   (3) 蓋上蓋子。

2. **口腔中的細菌（飛沫試驗）**

   (1) 打開培養皿的蓋子，將培養基面向一位同學的嘴巴。

   (2) 請這位同學直接咳嗽。

   (3) 蓋上蓋子。

3. **洗手前後的細菌（洗手試驗）**

   (1) 先在培養皿底盤劃一條線將其分為兩部分(W; N)。

   (2) 在洗手前，以一根手指在 N 部位的培養基上，輕作 Z 字型劃線後，蓋上蓋子。

   (3) 同樣的請這位同學以肥皂或消毒水洗手，洗手方式不拘，需予以記錄。

   (4) 洗淨後，用無菌的衛生紙擦乾，以步驟(2)中相同的一根手指，再於 W 部位的培養基上輕作 Z 字型劃線。

   (5) 蓋上蓋子。

4. **對照組（不做任何處理）**

5. 將以上四組培養皿倒置(agar side up)，並放入 37°C 的培養箱中，18~24 小時後觀察結果。

四、注意事項

1. 配置培養基時，以洋菜膠為凝固劑，而不用澱粉，因為大部分的細菌會分解澱粉而不會分解洋菜膠。
2. 做口腔中的細菌實驗時，培養皿必須垂直的面向嘴巴，乃避免空氣中落菌的因素影響實驗的結果。
3. 洗手後需先擦乾，以避免液體留在培養基上，造成細菌的流動，而無法看到菌落的形成。

五、觀察結果

1. 觀察並記錄菌落的大小、數目、形狀及顏色等特點。
2. 比較各組實驗結果的差異性。

實驗報告

系所｜　　　　姓名｜　　　　學號｜

結果記錄

1 實驗

1. 繪圖並描述所觀察到的菌落，請將結果填於下表。

(1) 空氣中：________________________________

____

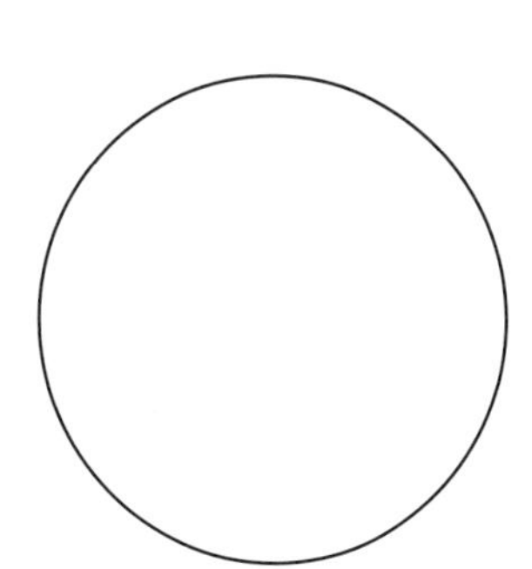

(2) 口腔中：________________________________

____

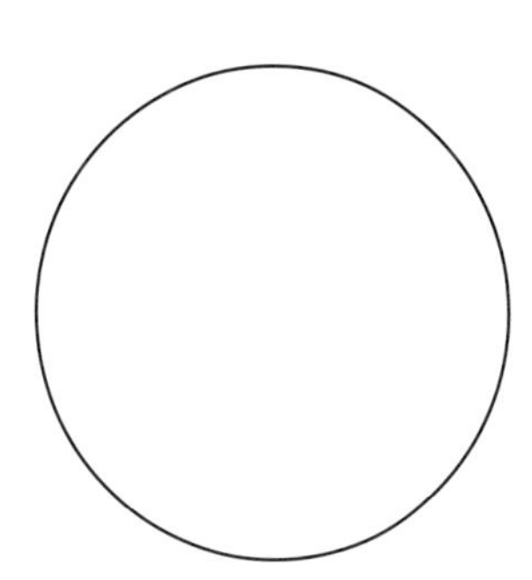

(3) 洗手前：________________________________

____

洗手後：________________________________

____

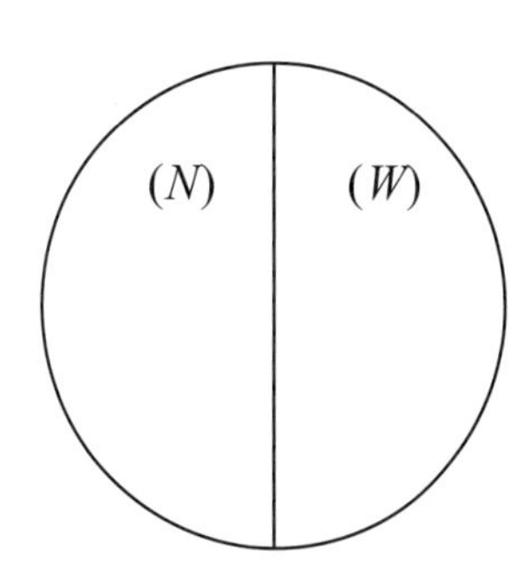

(4) 對照組：________________________________

____

2. 請與其他組別比較結果的差異。

問題討論

1. 比較洗手前後的結果，並加以討論可能的原因。
2. 若想知道不同形態的菌落是何種細菌，應如何做進一步的實驗？
3. 平盤培養皿放入 37°C 的培養箱時，需要倒置，試解釋其理由。

參考資料

細菌的接種
(Inoculation of Bacteria)

臨床上許多由細菌引起的疾病，在採取治療步驟之前，必須先找出致病菌，才能對症下藥。所以，菌種的分離與純種培養(isolation and pure culture)是臨床微生物學實驗中最基本也是最重要的技術之一。近年來，細菌遺傳學及分子生物學的研究發展中，由於細菌之基因簡單易控制，且繁殖速率快，已成為不可或缺的材料之一。因此，如何針對不同的實驗目的，選擇培養基的形態及成分，並正確地接種，才能成功地分離、培養及鑑定細菌，即是本實驗的目的。

一、目 的

1. 讓同學瞭解如何針對實驗的需要，選用不同形態的培養基。
2. 練習不同接種方式。

二、實驗材料

1. 一般所指不同形態的營養培養基，其主要成分完全相同（如前章所述），分類上乃依其所含洋菜膠(agar)之百分比，分為固態培養基(solid medium，約含 1.5%洋菜膠）、半固態培養基（semi-solid medium，約含 0.65~1%洋菜膠）及液態培養基（liquid medium，又稱 broth，不含洋菜膠）。
2. 固態培養基可再依需要而分裝在塑膠培養皿(petri dish)，稱之為平盤培養基(plate)，或試管中，形成一斜面，稱之為斜面培養基(slant)。
   (1) 平盤培養基適用於菌種分離(isolation)、純種培養(pure culture)、計算菌落數目(colony count)及水質檢測時的傾倒平盤法(pour plate)等項目。菌種分離時的接種方式稱為四區劃分法(streaking method)。以接種環(loop)取菌，先在培養基其中約四分之一部分作 Z 字型連續劃線（如圖 2-1(a)）後，將接種環燒紅，待冷卻後，再由第 I 區劃出到第 II 區（圖 2-1(b)），重複相同的步驟，完成第 III 區與第 IV 區的接種（圖 2-1(c)、(d)），各區間隔約 90 度角。

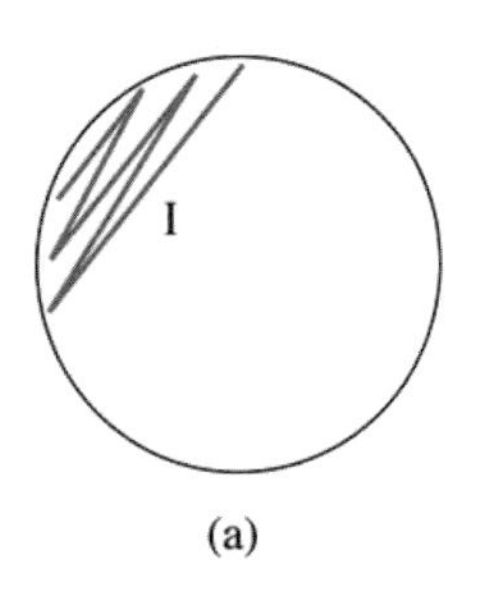

(a)

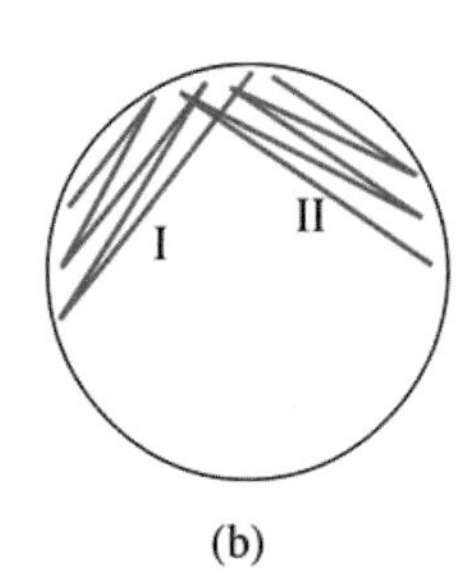

(b)

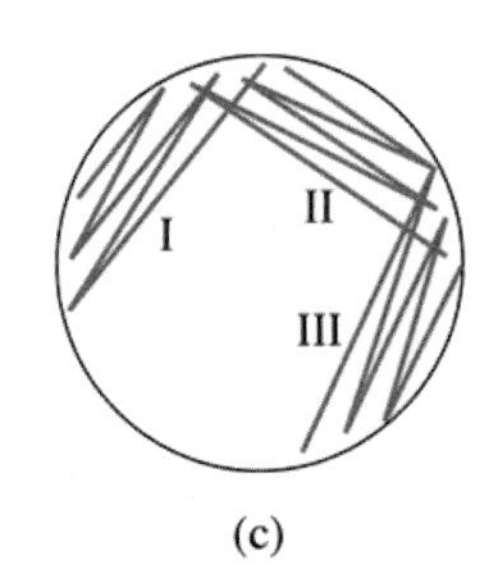

(c)

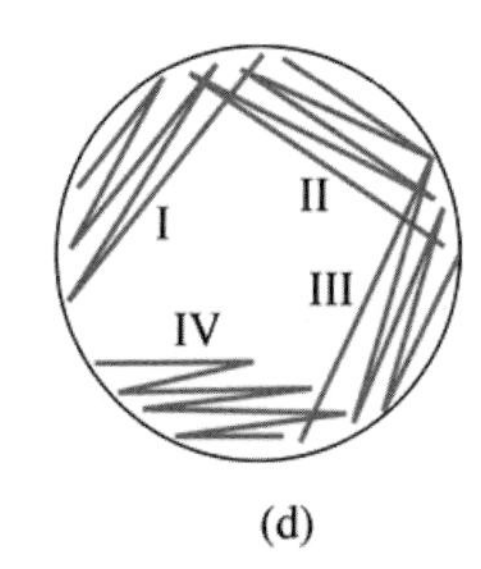

(d)

圖 2-1 菌種分離法

(2) 固態培養基置於試管中常製備成斜面，以增加接菌面積，適用於菌種保存、運送及生化試驗。以接種環取菌後，在斜面上作蛇形劃線（如圖 2-2(a)）。另外，也可以接種針取菌後，在斜面上作蛇形劃線，同時進行穿刺（如圖 2-2(b)）

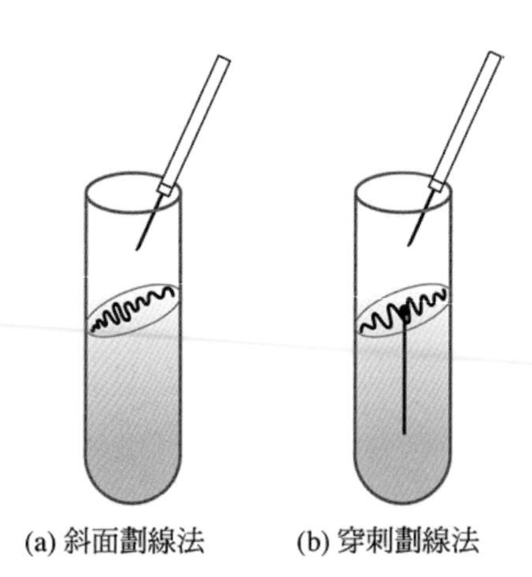

圖 2-2 斜面培養基的接種方法

3. 半固態培養基適用於菌種之生化特性檢驗。例如：觀察細菌發酵醣類的情形、是否產生氣體及運動特性等現象。接種方式稱為穿刺法(stabbing method)，以接種針(needle)為工具，使用原則與接種環相同，即需先經加熱滅菌，冷卻後再取菌，直接插入培養基約三分之二深，再依原路徑抽出接種針（如圖 2-3）。

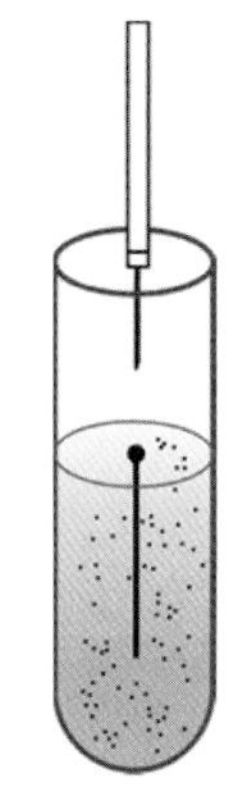

圖 2-3　半固態培養基的接種方法

4. 液態培養基適用於瞭解細菌生長曲線圖及大量培養細菌時。接種方法可用接種環或接種針取菌後，直接伸入培養基中，輕輕攪拌(stirring)即可。
5. 菌種：金黃色葡萄球菌(*Staphylococcus aureus*)（標記為“*S*”）。
   大腸桿菌(*Escherichia coli*)（標記為“*E*”）。

三、實驗內容

1. 每組分得：
   (1) 一片平盤固態培養基。
   (2) 兩管斜面固態培養基。
   (3) 兩管半固態培養基。
   (4) 兩管液態培養基。
2. 依上述之接種方式進行接種，再放入 37°C 的培養箱，隔夜培養。

四、注意事項

1. 做平盤固態培養基接種時，蓋子半開，或靠近酒精燈周圍，以免空氣落菌影響結果。
2. 做試管內接種時，接種環或接種針不可碰到管口，以免雜菌汙染。

3. 計算菌落數目時，一個平盤中以目視 30~300 個菌落為適當的濃度，若數目過多，應加以稀釋再做。
4. 觀察液態培養基結果之前，需搖晃試管後，再判讀，以免因菌體沉在試管底部而誤判。
5. 以半固態培養基培養後，若發現細菌生長如刷子狀，需以顯微鏡觀察或做鞭毛染色後，才能確定其運動性的存在。

實驗報告

系所｜　　　　　　姓名｜　　　　　　學號｜

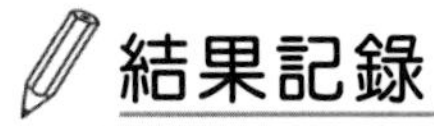

結果記錄

1. 描述細菌在不同培養基的生長情形。
2. 比較 *Staphylococcus aureus* 和 *Escherichia coil* 的生長情形。
3. 描繪菌落出現的情形及型態。

(1) 平盤固態培養基

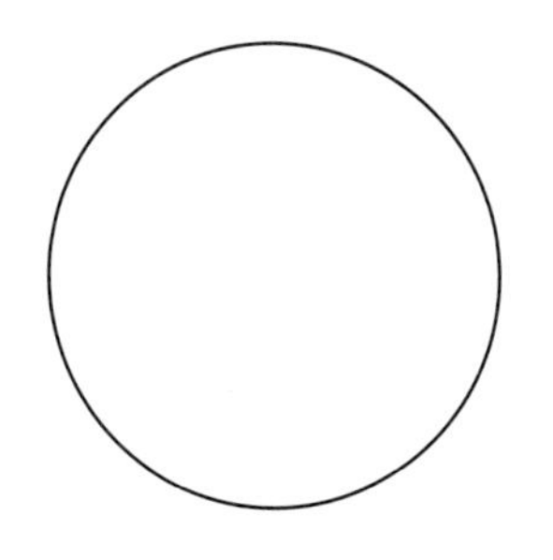

是否出現單一菌落________，在第______區

(2) 斜面固態培養基

S　　*E*

(3) 半固態培養基

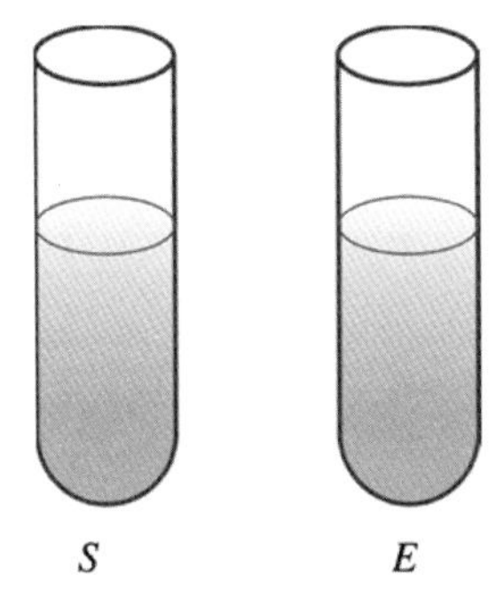

(4) 液態培養基

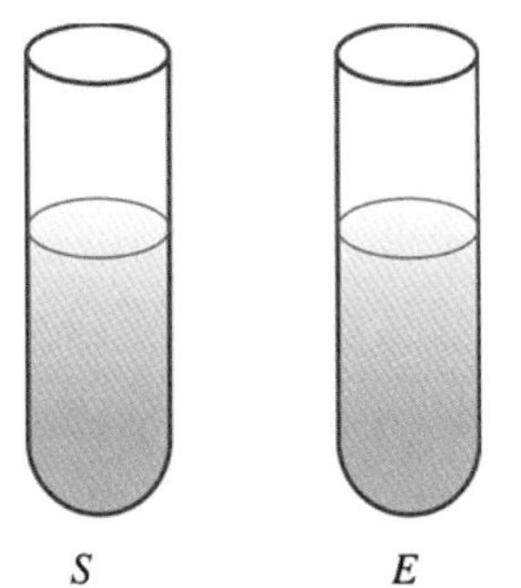

問題討論

1. 如果以液態培養基培養，得到細菌生長情形與時間之關係圖如下，請就①、②、③、④部分解釋之。

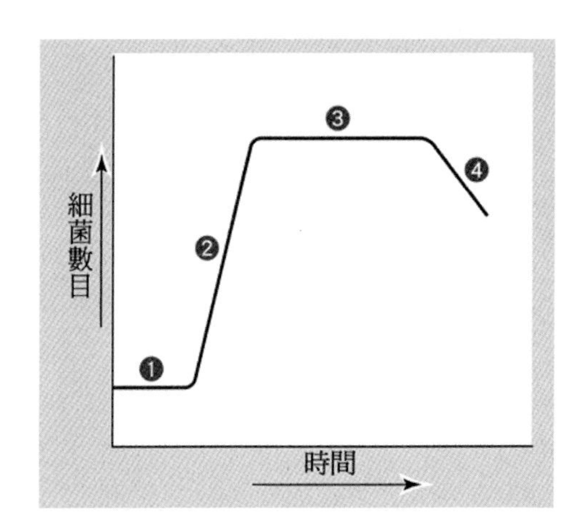

2. 影響細菌生長的環境因素有哪些？

參考資料

染色的方法
(Staining Methods)

細菌非常微小而且透明無色，無法用一般的肉眼觀察。為了要研究其性質和鑑別診斷，細菌必須經過染色才能在顯微鏡底下觀察。同時染色方法和鏡檢也成為研究細菌的一重要工具。依照目的不同，可將細菌染色的方法分成下列四種：

1. **簡單染色法**(Simple stain)：染色過程只使用單一試劑，可觀察細菌的形態、大小及排列等。
2. **鑑別染色法**(Differential stain)：使用多種試劑的染色，因細菌對試劑反應不同，可將細菌做分類，如革蘭氏染色法(Gram stain)、耐酸性染色法(acid-fast stain)等。
3. **特別染色法**(Special stain)：利用染色方法突顯出細菌的特別結構，如：鞭毛染色(flagella stain)、莢膜染色(capsule stain)、孢子染色(spore stain)、核染色(nuclear stain)等。
4. **負染色法**(Negative stain)：使用酸性染劑(acidic dye)，如：India ink、negrosin；不染細菌只染背景(background)。常用於不易染色細菌，如螺旋菌(*Spirilla*)等。

簡單染色法
(Simple Stain)

一、目 的

練習無菌操作、抹片的製作和進行單一染劑的染色，以觀察細菌的外形(morphological shapes)和排列(arrangement)。

二、原 理

簡單染色法只以一種染劑對細菌的抹片做染色。所用的染劑通常是甲基藍(methyl blue)、亞甲藍(methylene blue)、結晶紫(crystal violet)和石碳酸複紅(carbolfuchsin)等帶有正電荷(positive charge)的鹼性染劑(basic dye)，而細菌核酸(nucleic acid)和很多細胞壁的成分都帶有負電荷(negative charge)，因此染劑主要是利用正負電荷互相吸引而使染劑顏色染上細菌。

三、實驗材料

1. **細菌的培養**：以 nutrient agar plate（或 broth）培養 *Escherichia coli*、*Staphylococcus aureus* 等 24 小時內的新鮮培養菌(young culture)。
2. **試劑**：methyl blue 或 methylene blue、香杉油(cedarwood oil)、二甲苯(xylene)。
3. **儀器**：酒精燈、接種環(loop)、顯微鏡(microscope)、玻片(glass slide)。

四、實驗步驟

1. 玻片的準備：做細菌抹片的玻片必須乾淨，首先要除去玻片上的油脂。處理的方法，可用肥皂和清水擦洗或將玻片直接在火燄上過火 2~3 次。
2. 抹片的製備：避免製作出太厚和太密的抹片是做好抹片的首要條件。一個好的抹片必須是乾燥後，形成一白霧狀的均勻薄層。抹片製作時，細菌是培養在液態培養基(liquid medium)或固態培養基(solid medium)中，有不同的操作方法。
   (1) 液態培養基：以無菌操作方法，用接種環挑取懸浮菌液至玻片抹開，成為約 1 公分圓環。
   (2) 固態培養基：先挑一滴無菌水在玻片的中央，再用接種環從固態培養基挑取一點點的菌，在含有一滴水的位置，由中央往外輕而均勻的抹開。
3. 加熱固定：除非將抹片固定，否則在染色的過程中，細菌將會被沖洗掉。加熱固定的方法為將玻片直接快速在火燄上過火 2~3 分鐘等待液體蒸發即可（切勿火烤過久，以免破壞菌體原本結構）。

4. 置 1~2 滴染劑於抹片處，靜置適當時間，約 1~3 分鐘。
5. 開啟水龍頭自來水沖洗掉抹片上多餘染劑(由玻片上緣輕輕沖洗至無色即可)。
6. 乾燥（室溫下自行風乾或在火燄上過火乾燥）。
7. 鏡檢，在抹片處滴上香杉油，再利用物鏡 100x 的油鏡(oil immersion)觀察。
8. 觀察完畢，請用二甲苯將 100x 物鏡擦拭乾淨。

3-2 革蘭氏染色法 (Gram Stain)

一、目 的

利用革蘭氏鑑別染色法將細菌分為革蘭氏陽性菌和革蘭氏陰性菌。

二、原 理

革蘭氏染色的原理，需要四種試劑加至抹片上，第一種試劑以結晶紫(crystal violet)做初染(primary stain)，初染的功能是使所有細菌染上顏色。第二種試劑使用媒染劑(mordant)，利用革蘭氏碘溶液(Gram's iodine solution)與結晶紫作用形成不可溶複合物(complex)，以加強染劑染色的能力。第三種試劑是以 95%酒精(95% alcohol)做為脫色劑(decolorizing agent)，因細胞壁結構和成分組成不同，使得有些初染劑可被脫掉，有些則不可以被脫掉。第四種試劑以番紅(safranin)做為對照染劑(counter stain)，和初染劑呈對比的顏色，當脫色後，若對照染劑不被細菌所吸收，則仍維持初染劑的顏色，若對照染劑會被細菌所吸收，則呈現對照染劑的顏色。以此方法可將細菌作分類。

三、實驗材料

1. **細菌的培養：**以 nutrient agar plate(或 broth)培養 *Escherichia coli*、*Staphylococcus aureus* 等 24 小時內的新鮮培養菌。

2. **試劑**：crystal violet、Gram’s iodine、95% alcohol 和 safranin O（或 carbolfuchsin）、cedarwood oil、xylene。
3. **儀器**：酒精燈、接種環、顯微鏡、玻片。

四、實驗步驟

1. 準備乾淨的玻片（玻片處理如實驗 3-1）。
2. 使用滅菌的接種環，製備含有 *Escherichia coli* 或 *Staphylococcus aureus* 的抹片。
3. 讓抹片乾燥，以一般加熱固定法固定。
4. 置 1~2 滴 crystal violet 於抹片處，靜置 1 分鐘。
5. 以自來水沖洗（由玻片上緣輕輕沖洗至無色）。
6. 置 1~2 滴 Gram’s iodine 溶液於抹片處，靜置 1 分鐘。
7. 以自來水沖洗（由玻片上緣輕輕沖洗至無色）。
8. 以 95%酒精或丙酮退色。注意：脫色劑要一滴一滴的加，直至洗出液不再呈現 crystal violet 顏色即刻停止，否則過度脫色會獲得相反的染色結果。
9. 用水龍頭的自來水沖洗（由玻片上緣輕輕沖洗至無色）。
10. 以 safranin O 做對照染色，靜置 30~45 秒。
11. 用水龍頭的自來水沖洗。
12. 乾燥。
13. 鏡檢，利用物鏡 100x 的油鏡觀察。

實驗報告

系所｜　　　　　姓名｜　　　　　學號｜

3-1　簡單染色法

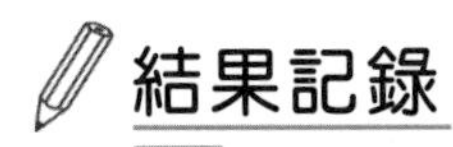

結果記錄

1. 畫出顯微鏡下所看到的情形。

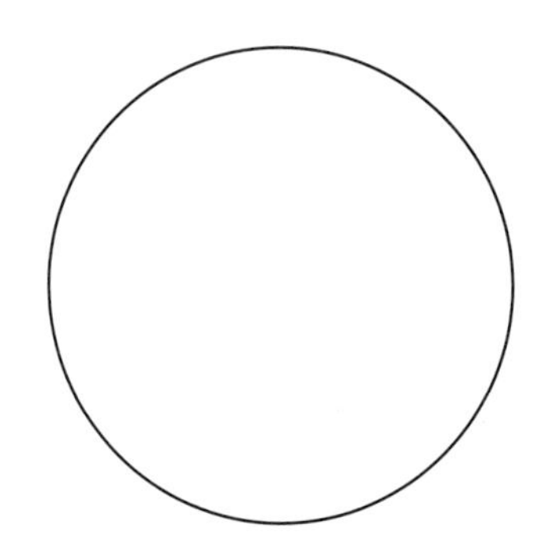

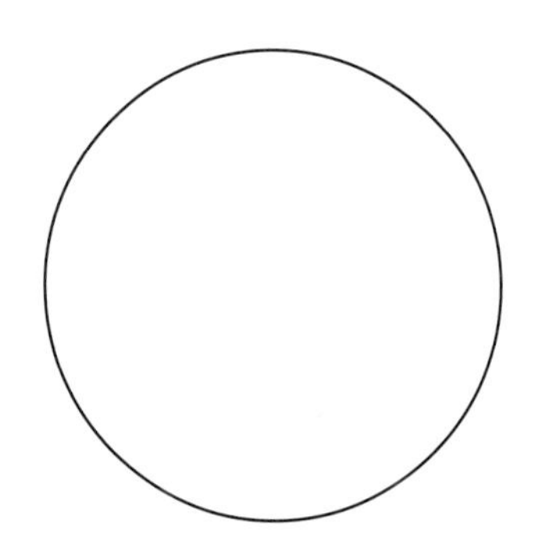

2. 敘述所看到的形態（球狀、桿狀、螺旋狀）和排列方式。

菌　種	*Escherichia coli*	*Staphylococcus aureus*
形　態		
排　列		
顏　色		

3-2 革蘭氏染色

結果記錄

1. 畫出顯微鏡下所看到的情形。
2. 敘述所觀察到的形態和排列方式。
3. 敘述細菌經染色後的顏色。
4. 區別各染色細菌是屬於革蘭氏陽性或陰性。

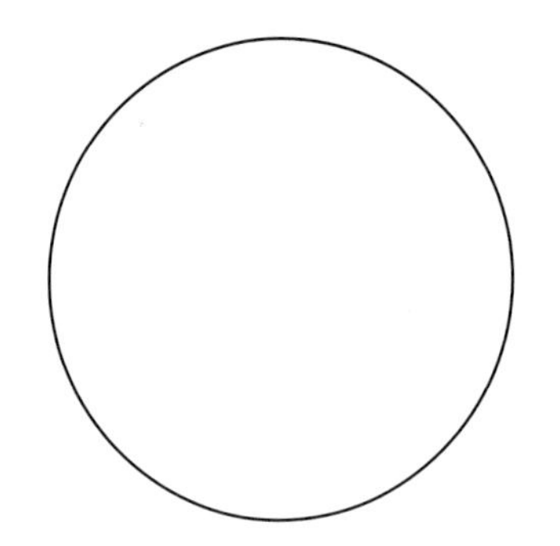

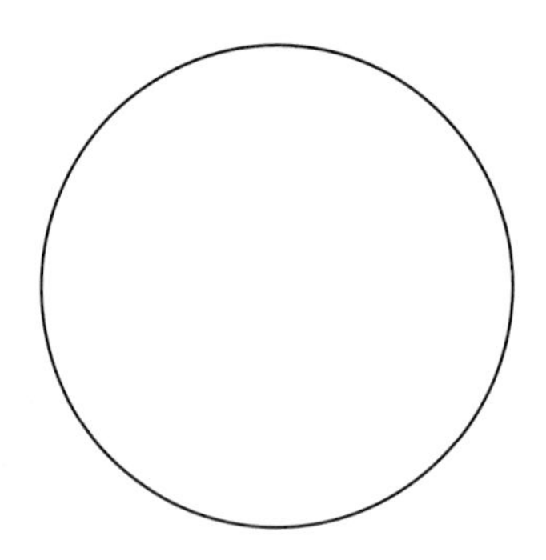

菌 種	*Escherichia coli*	*Staphylococcus aureus*
形 態		
排 列		
顏 色		

問題討論

1. 製作細菌抹片時，要注意哪些事項？
2. 進行革蘭氏染色時，革蘭氏陽性菌為何會無法呈現藍色的可能原因？
3. 請列出革蘭氏染色的研究及臨床應用？

參考資料

物理因子與化學因子對微生物的作用

(Sterilization and Disinfection by Physical and Chemical Methods)

4-1 物理因子對微生物的作用

(Sterilization and Disinfection by Physical Methods)

微生物與人類的關係密不可分，有時人類想盡辦法來促進微生物的生長與繁殖，例如：食品的發酵以及抗生素的製造，但有時為了防止微生物引起疾病，則希望能控制微生物的生長或將其消滅。

一、目的與原理

本實驗是利用物理方法來達到殺菌的效果。在日常生活中及一般食品工廠被運用最廣泛的方法之一，即為加熱法，加熱的過程快速，且對所有的微生物均有效。本實驗利用濕熱滅菌法，高溫的水蒸氣可以使蛋白質變性或凝結，為濕熱滅菌法最主要的殺菌機轉。此外，濕熱滅菌法亦可破壞細胞膜的組成，以及使酵素失去活性。另外，蛋白質在遭到破壞之前，高溫亦能活化細胞內的核酸酵素，造成核酸的破壞進而導致細菌的死亡。一般細菌與真菌的繁殖體，於水浴 60°C、30 分鐘後，大都會死亡，僅有少數可耐熱至 100°C，但細菌的孢子即使加熱至 100°C，短時間內尚不能將其破壞，需用高壓蒸氣滅菌(autoclave)，即 121°C 每平方英吋 15 磅，加熱 15~20 分鐘，才可將其完全殺死，也是現今所用最可靠的方法。

另一種方法是以放射線殺菌，可分為離子化射線(ionizing radiation)和非離子化射線(non-ionizing radiation)兩類，前者如 X 光(X-ray)以及 γ 射線(γ-ray)，後者如紫外線(ultraviolet, UV)等，本實驗則為測試紫外線的殺菌能力。紫外線主要作用在細菌的核酸上，DNA 吸收波長介於 254~280 nm，而以 265 nm 的吸收能力最強，紫外線會使 DNA 發生聯體作用(dimerization)，尤其以胸腺嘧啶(thymine)最容易受影響，聯體作用造成鄰近的胸腺嘧啶產生共價鍵，使 DNA 的形狀扭曲，進而阻礙嘧啶與嘌呤的配對，導致 DNA 的複製受阻。但此損傷也可由細菌的特殊機制來修復，包括光復活作用、切除修復作用、恢復系統和求救反應等。紫外線雖然可以用來殺菌，但其穿透能力極差，不能穿透玻璃、報紙等物質，主要用於空間及一些物體表面的殺菌，其殺菌力也視其波長、劑量、菌種種類、修復效率和準確性而定。

二、實驗材料

1. 菌種培養液
   (1) *Escherichia coli*（標記為"*E*"）。
   (2) *Staphylococcus aureus*（標記為"*S*"）。
   (3) *Bacillus subtilis*（標記為"*B*"）。
2. 營養培養基平盤。

三、實驗步驟

1. 加熱對細菌的影響

(1) 先將 2 個培養皿底部以簽字筆標上菌種、作用時間，溫度及對照組(*C*)，如下圖所示。

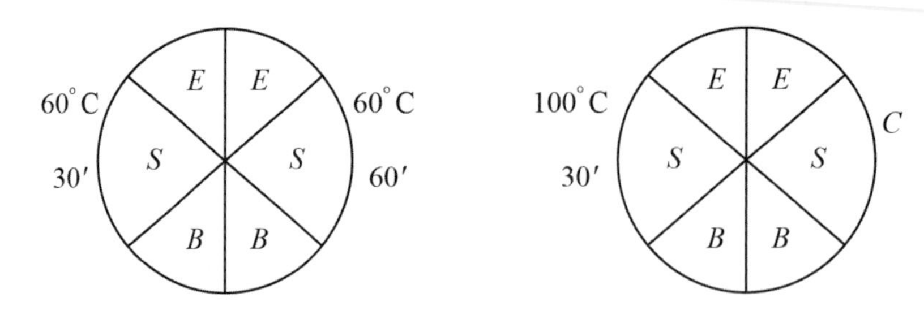

(2) 對照組先以接種環接種各菌種。

(3) 再將菌種置於恆溫槽加熱，依不同的時間及溫度作用後，將細菌接種於培養基上。

(4) 將做完的培養基放入 37°C 培養箱中倒置培養，隔天觀察結果。

2. **紫外線對細菌的影響**

(1) 先將 2 個培養皿底部以簽字筆標上菌種及作用時間，其中一個培養皿為對照組，另一個可選擇紫外線照射 5 分鐘、10 分鐘或 30 分鐘，如下圖所示：

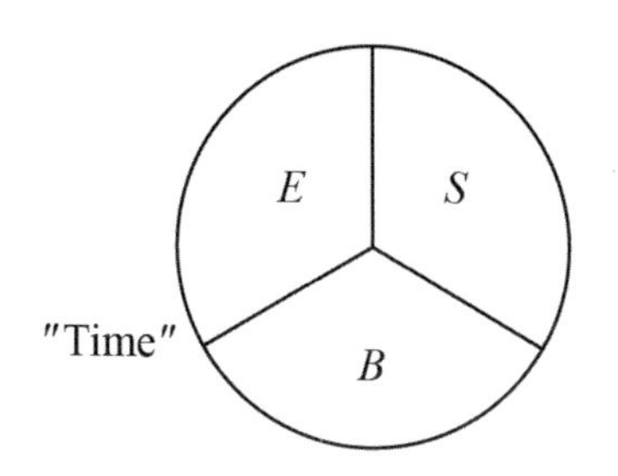

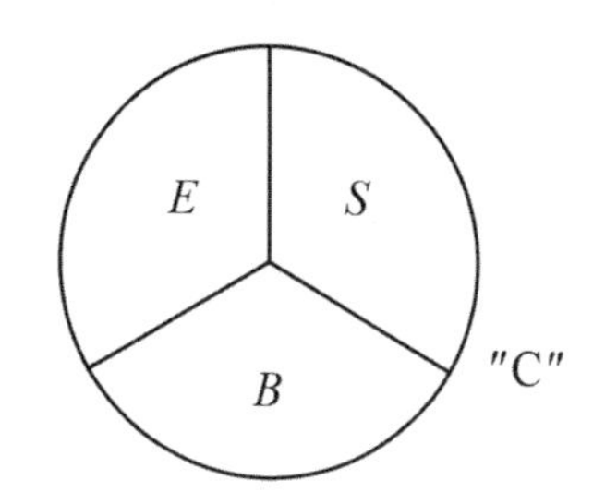

(2) 將測試的細菌接種於培養基上。

(3) 將培養基置於紫外線燈下，實驗組將培養基的蓋子打開，讓紫外線直接照射，而對照組不打開蓋子。

(4) 照射完畢後將培養基放入 37℃培養箱中倒置培養，隔天觀察結果。

化學因子對微生物的作用
(Sterilization and Disinfection by Chemical Methods)

微生物的種類繁多，菌體本身的構造、生理特性或生化代謝各有不同。另外，細菌所處的環境也會影響細菌對化學試劑的抵抗性，因此殺菌或抑制微生物的方法必須取決於微生物的種類、環境與目的等因素。

一、目的與原理

本實驗是利用化學試劑來達到殺菌或抑菌的效果，所採用的試劑為界面活性劑(surfactant)及鹼性染劑(basic dye)兩種。

界面活性劑是一種能改變細菌與環境之間交界面的能量關係，而使細菌表面張力降低的物質。界面活性劑的化學結構包括親水性和厭水性兩個部分，厭水性的部分是一長串碳氫鏈的脂溶性結構，能嵌入細菌細胞膜的脂肪層；親水性的部分多為離子化的基團，或是非離子化的極性構造。依照脂溶性部分的結構，可分為陽離子、陰離子、非離子界面活性劑等。在抑菌方面，最有效的陽離子界面活性劑為四級銨化合物，含有三條短氫鏈和一條長氫鏈，除了能破壞細菌的細胞膜外，還能進入菌體使蛋白質變性，對多種細菌均有殺菌力，尤其以革蘭氏陽性菌的感受性最大，安期消毒水(antiseptol)即屬此類。另外本實驗所用的來舒(Lysol)溶液，其主要成分為甲酚，是石碳酸的一種衍生物，可用來消毒器具，殺菌力強。

鹼性染劑部分，例如：結晶紫(crystal violet)、孔雀綠(malachite green)等，可與細胞內的大分子結合，阻斷核酸或蛋白質的合成，進而殺死或抑制細菌的生長，特別是革蘭氏陽性菌。一般而言，鹼性染劑具有抑菌效果，常被用來作為皮膚創傷的處理，而結晶紫（俗稱紫藥水）可抑制細菌細胞壁 peptidoglycan's UDP N-acetyl muramic acid 之合成，故對革蘭氏陽性菌較有效。

二、實驗材料

1. 菌種培養液
   (1) *Escherichia coli*（標記為“*E*”）。
   (2) *Staphylococcus aureus*（標記為“*S*”）。
   (3) *Bacillus subtilis*（標記為“*B*”）。
2. 營養培養基平盤。
3. 安期消毒水(Antiseptol)與來舒溶液(Lysol) 2 毫升各 3 管。
4. 結晶紫培養基 3 片，其濃度各為 0.01%、0.1%、1%。
5. 無菌滴管 3 根。

三、實驗步驟

1. 結晶紫對細菌的影響

(1) 先將 3 個結晶紫培養基的底部以簽字筆區分成 3 等份，並標上各菌種名稱，如下圖所示：

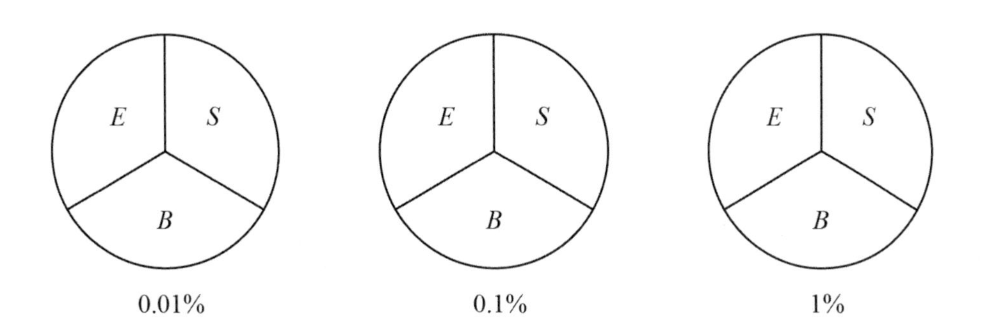

(2) 以接種環接種所標示的菌種。

(3) 將培養基置於 37°C 培養箱中倒置培養，隔夜觀察結果。

4 實驗

2. **安期消毒水與來舒溶液對細菌的影響**

(1) 先將 3 個培養基的底部以簽字筆標上菌種名稱，並區分成 4 等份，如下圖所示：

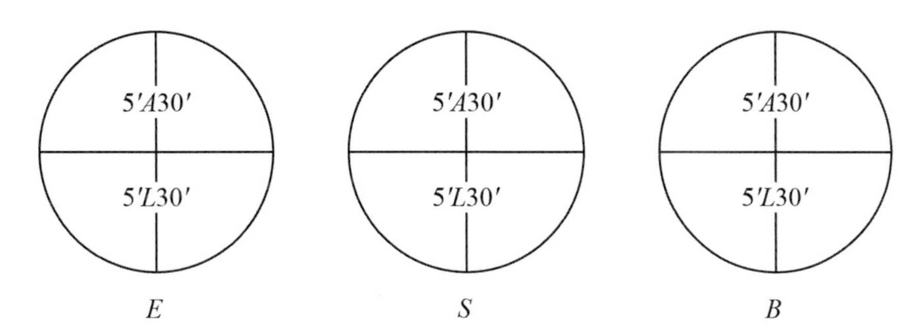

(2) 取安期消毒水與來舒溶液各 3 管，並分別標上 3 種不同的菌種名稱，如下圖所示：

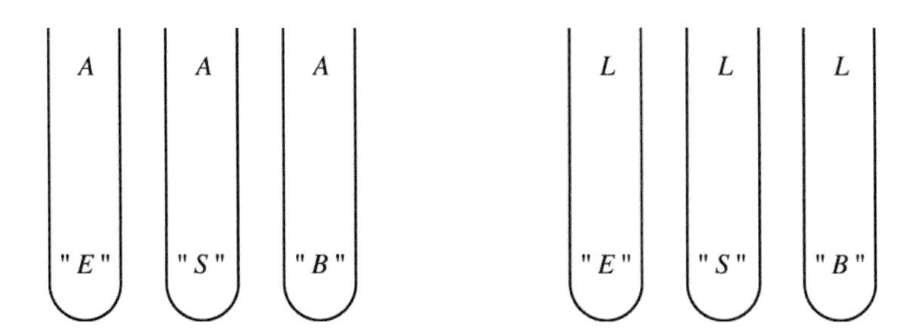

(3) 以滴管各取菌液 5 滴，滴入上述試管，並開始計時。

(4) 經 5 分鐘以及 30 分鐘後，以接種環將細菌取出並接種於事先標示好的培養基內。

(5) 將培養基置於 37°C 培養箱內倒置培養，隔夜觀察結果。

實驗報告

系所｜　　　　姓名｜　　　　學號｜

4-1　物理因子對微生物的作用

結果記錄

(一) 加熱

菌種 條件	*E*	*S*	*B*
Control			
60°C　30′			
60°C　60′			
100°C　30′			

(二) 紫外線(UV)

菌種 條件	*E*	*S*	*B*
Control			
5 分鐘			
10 分鐘			
30 分鐘			

問題討論

1. *Escherichia coil* 或 *Staphylococcus aureus* 是否可作為高壓滅菌器效果檢查的指示菌，其原因為？
2. 紫外線對細菌的繁殖體及孢子的殺菌作用，是否有明顯的差異性？

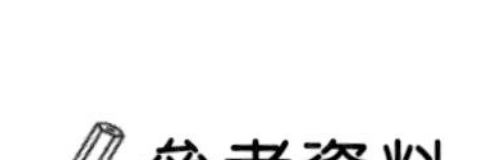

參考資料

4-2 化學因子對微生物的作用

結果記錄

(一) 結晶紫(Crystal violet)

菌種 濃度	*E*	*S*	*B*
0.01%			
0.1%			
1%			

(二) 界面活性劑

菌種 條件			*E*	*S*	*B*
0.2%	5′	L			
		A			
	30′	L			
		A			
2%	5′	L			
		A			
	30′	L			
		A			

問題討論

1. 試由實驗結果推測出各化學試劑對何種細菌最有抑制效果，其原因為何？
2. 試舉出幾種影響殺菌劑殺菌作用的因素？

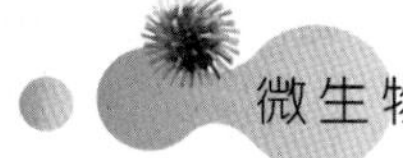

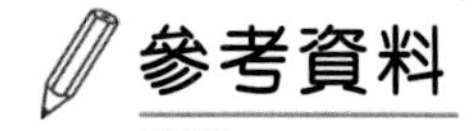

參考資料

抗生素感受性試驗
(Antibiotic Susceptibility Test)

抗生素是由細菌或某些真菌所產生的物質或由人為合成，可經由不同的作用機轉來抑制細菌生長，進而達到殺死細菌的效果。抗生素療效深受肯定，然而近年來由於濫用抗生素，除了直接對人體造成傷害，例如：藥物過敏、藥物中毒之外，更造成抗藥性微生物增加。為了減少使用抗生素造成副作用，避免不當使用抗生素，故在使用抗生素治療之前，先針對不同菌種作抗生素感受性試驗，以找出有效的抗生素及使用之濃度，目前實驗室常使用的方法有二：紙錠擴散法(disc diffusion method)及試管稀釋法(tube dilution method)。

一、目 的

1. 以紙錠擴散法針對檢體之細菌選擇有效的抗生素。
2. 瞭解如何測得抗生素有效作用的濃度。

二、實驗材料

(一) 紙錠擴散法

1. 無菌棉花棒（放置在試管中）。
2. 兩片平盤 Mueller-Hinton 培養基。
3. 十種抗生素紙錠（表 5-1）。
4. 鑷子。

(二) 試管稀釋法

1. 試管若干支。
2. 生理食鹽水。
3. 液態培養基若干管。
4. 測試菌種。
5. 平盤培養基若干個。

表 5-1 十種抗生素紙錠的種類及含量

名稱	含量	名稱	含量
Streptomycin	10 μg	Penicillin	10 IU
Amikacin	30 μg	Kanamycin	30 μg
Vancomycin	30 μg	Rifampin	5 μg
Gentamicin	10 μg	Oxacillin	1 μg
Nalidixic acid	30 μg	Erythromycin	15 μg

三、實驗步驟

(一) 紙錠擴散法

1. 菌種來源可由同學喉嚨取菌或是用實驗室提供的菌種
   a. Throat culture（咽喉拭子培養）：用細菌培養棉棒用力擦拭扁桃體區域、後咽、與任何的可能發炎處，注意舌頭應先用壓舌板壓住，以減少口腔正常細菌汙染。
   b. 取細菌懸浮液(1×10^8 CFU/mL)，在培養基上做厚塗法(heavy culture)，即整個培養基以棉花棒均勻的塗抹（圖 5-1）。
2. 使用過的棉花棒放回試管，並統一收回滅菌後丟棄。
3. 取浸泡於酒精中的鑷子，以酒精燈燒紅，待冷卻後，夾取抗生素紙錠，放在培養基上。
4. 一片培養基約放 4~5 種不同的抗生素紙錠，注意紙錠分配的位置，彼此不要太接近，亦不要靠近培養皿邊緣，以利觀察。
5. 放入 4°C 培養 30 分鐘，此時菌種生長較緩慢，可讓抗生素先行擴散。
6. 培養皿倒置放入 37°C 培養箱中，18~24 小時後觀察結果。

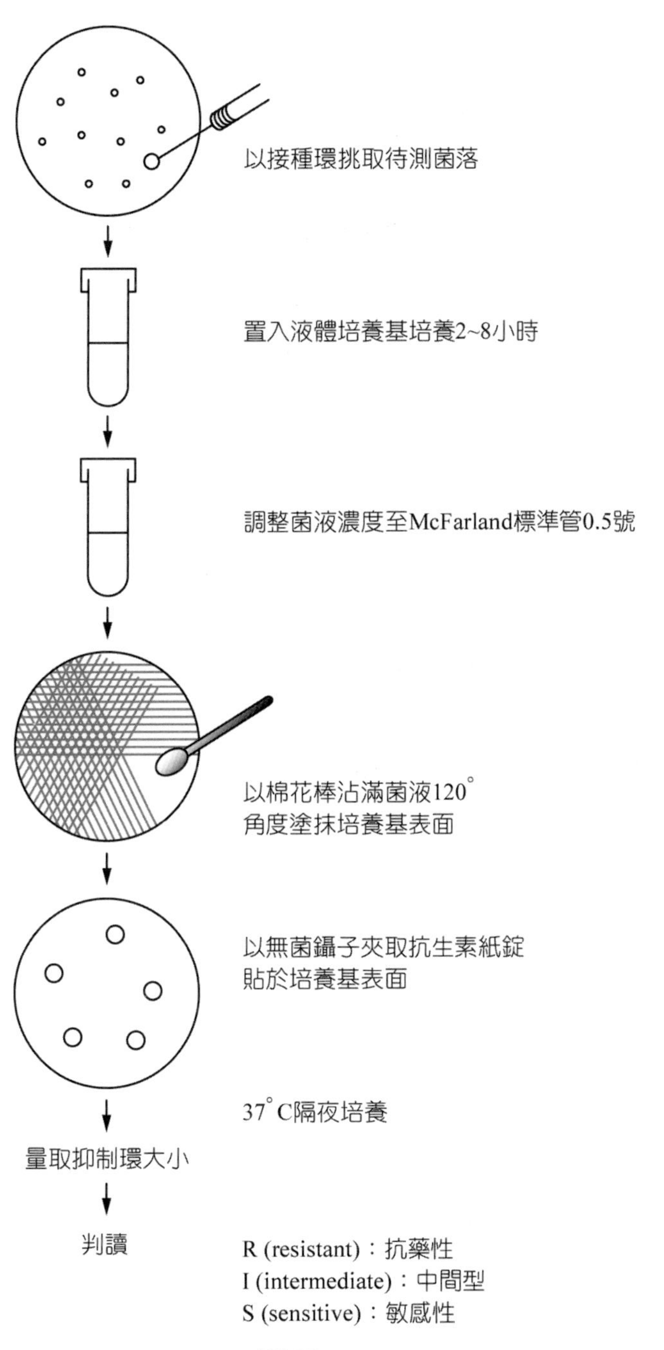

以接種環挑取待測菌落
置入液體培養基培養2~8小時
調整菌液濃度至McFarland標準管0.5號
以棉花棒沾滿菌液120°
角度塗抹培養基表面
以無菌鑷子夾取抗生素紙錠
貼於培養基表面
37°C隔夜培養
量取抑制環大小
判讀
R (resistant)：抗藥性
I (intermediate)：中間型
S (sensitive)：敏感性

圖 5-1

5 實驗

(二) 試管稀釋法

1. 抗生素先以生理食鹽水做連續稀釋，以取定量之不同濃度之抗生素。
2. 各加入含 10^8 CFU/mL 測試菌種之液態培養基。
3. 37°C 培養 18~24 小時後，觀察液態培養基中菌種生長的情形，若澄清則表示細菌未生長，若混濁則表示細菌生長。
4. 澄清試管中所含抗生素濃度最低者，此為抗生素的最小抑制濃度(minimal inhibitory concentration, MIC)。
5. 由上述澄清的試管中，以接種環取菌再培養(subculture)至平盤培養基上。
6. 經 37°C 培養 18~24 小時後，再培養的平盤培養基上不再有菌落形成之最低抗生素濃度，即為最小殺菌濃度(minimal bactericidal concentration, MBC)。

附註：

1. 細菌培養液達到濁度 McFarland 0.5 時，此時細菌之濃度約為 10^8 CFU/mL。
2. 麥氏(McFarland's)標準比濁液是由 0.05 mL 之 1.175% 氯化鋇($BaCl_2 \cdot 2H_2O$)加 9.95 mL 之 1%硫酸(H_2SO_4)配置而成。

四、注意事項

1. 做抗生素感受性實驗時，需考慮的主要因素
   (1) 適當的培養基，例如 Mueller-Hinton 培養基適用於需氧菌及兼性厭氧菌；對嗜血性細菌則需在 Mueller-Hinton 培養基內再添加 1% X-因子或 V-因子；而厭氧菌則常使用 Thioglycollate 培養基。
   (2) 培養的環境，包括溫度、溼度、培養基之成分及 pH 值和時間長短。一般致病菌於 37°C 培養 18~24 小時，並依細菌之需要選擇不同的培養條件。
   (3) 接種的菌量以 10^8 CFU/mL 為標準。
   (4) 抗生素的穩定度：常用的抗生素貯存於 4°C，不常用者保存於－20°C，對光敏感度的抗生素需以棕色瓶保存。

2. 每片抗生素紙錠有抗生素名稱的縮寫及劑量（單位：μg 或 IU）。
3. 若結果出現在抗生素紙錠附近，細菌反而長的更多，則表示其屬賴藥性 (drug-dependent)。

五、觀察結果

1. 觀察不同種類抗生素之抑菌圈的大小，並以直尺測量其直徑。
2. 本次實驗結果判讀標準採用數值如下：

直 徑	記 錄
15 mm 以上	＋＋＋ (susceptible)
10~15 mm	＋ (intermediate)
10 mm 以下	－ (resistant)

不同抗生素判讀的實際數值依國際 Clinical and Laboratory Standards Institute (CLSI) guidelines 為準。

實驗報告

系所｜　　　　　　姓名｜　　　　　　學號｜

結果記錄

抗生素名稱	劑量（μg 或 IU）	有無抑制圈	抑制圈直徑(mm)

問題討論

1. 填寫圖中 ABCD 的名稱或現象。

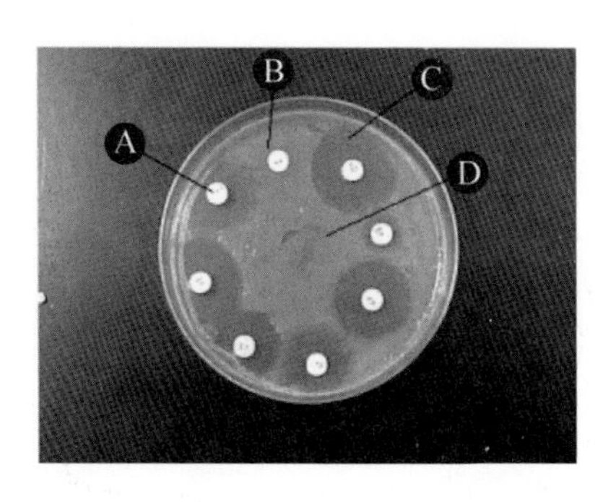

2. 請討論有哪些原因會干擾抗生素紙錠擴散法的結果？
3. 請說明 Antibiotic Sensitivity Test 實驗目的？有哪些測試條件需注意？
4. 放抗生素紙錠(disc)於平盤上要注意哪些事項？(哪些因素會干擾抗生素紙錠擴散法的結果)

5 實驗

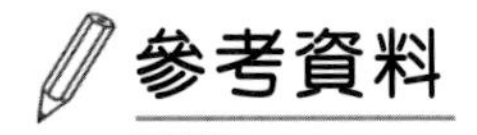

參考資料

實驗 6 水中微生物的檢驗
(Examination of Bacteria in Water)

水是人類生命中不可或缺的，一直以來人們對飲水的要求是乾淨無汙染的程度。因為水是一個良好的生存環境，所以在水中的微生物種類更是為數眾多，若是在飲水中含有太多甚至含有致病的微生物，都會對人們的健康造成威脅。

一、目 的

檢查水中微生物的種類及數量。

二、實驗材料

1. 水樣品。
2. 含有 9 mL 無菌生理食鹽水的試管 2 支。
3. 2 支含有 10 mL 基礎液體培養基(nutrient agar medium)的試管。
4. 5 mL 玻璃吸量管。
5. 培養皿 2 個。

三、實驗步驟

1. 收取樣本
   (1) 來自於飲水機或自來水的水樣品，先將水流出 30 秒後再收集樣品。
   (2) 罐裝水樣品於實驗前才打開。
2. 於各試管中取一滴液體置於玻片上，染色後以顯微鏡觀察。
3. 微生物數量的計數
   (1) 取步驟 1.所得之樣本 1 mL 裝入試管中，再加入 9 mL 之無菌生理食鹽水，做 10 倍的稀釋。

(2) 將上述稀釋 10 倍的液體，取 1 mL 裝入試管中，加入 9 mL 之無菌生理食鹽水，再稀釋 10 倍（圖 6-1）。
(3) 基礎液體培養基預先加熱至 90~100°C，並置於 55~60°C 水浴槽中備用。
(4) 將稀釋好之樣本各取 1 mL 加入含 10 mL 之上述基礎液體培養基之試管中。
(5) 迅速混合後，倒入培養皿中並以∞方式輕微搖動使其均勻分布（圖 6-2）。
(6) 置於室溫中 20~25 分鐘。
(7) 待凝固後，置於 37°C 培養箱隔夜培養。
(8) 選擇菌落在 30~300 個之間的培養皿進行計數（圖 6-3）。
(9) 計數每毫升含菌量，CFU/mL（CFU, colony-forming unit，菌落形成單位）：
N 個菌落×稀釋倍數＝每 mL 所含之細菌數。

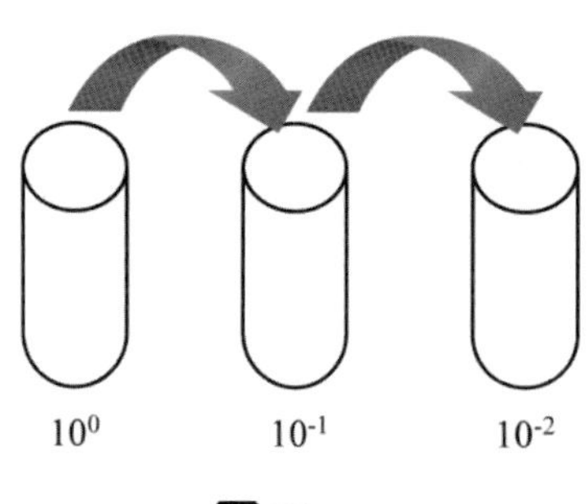

圖 6-1

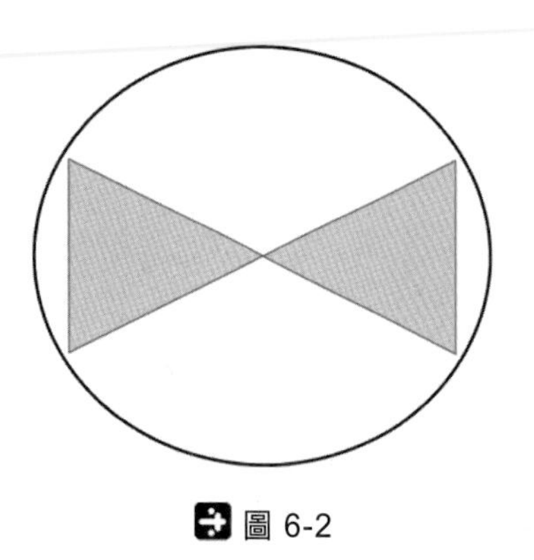

圖 6-2

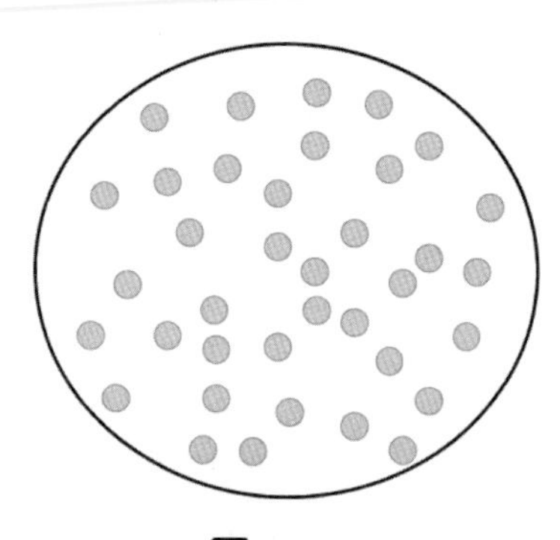

圖 6-3

實驗報告

系所｜　　姓名｜　　學號｜

結果記錄

請將各種水樣品所得到菌落數記錄於下：

水樣品	自來水	飲水機水	罐裝水
菌落數			

問題討論

1. 水中較常出現的微生物有幾種？有多少是致病菌？
2. 適合飲用水之細菌檢查標準為何？

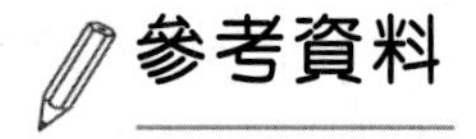
參考資料

牛奶中細菌的檢驗

(Examination of Bacteria in Milk)

一、目 的

牛奶之細菌學檢查包括以平盤培養法(agar plate method)及生化代謝試驗等，來測定牛奶中細菌的密度和檢驗是否受腸內菌（主要是針對 *Escherichia coli* 及 *Enterobacter* spp.）之汙染。因為牛乳中的細菌會產生酵素，如過氧化氫酶(catalase)、磷酸酶(phosphatase)等，因此可用甲基藍還原法(methylene blue reduction test)來測試牛奶的品質，例如是否滅菌完全或摻有生乳。

二、實驗材料

1. 無菌試管 10 支。
2. 10 mL 基礎營養培養基(nutrient agar medium)試管 4 支。
3. 牛奶 20 mL。
4. 培養皿 4 個。
5. Violet red bile agar (VRBA) 4 個。
6. Deoxycholate lactose agar (DLA) 4 個。
7. 無菌生理食鹽水 40 mL。
8. 接種環 1 支。
9. 水浴槽。

三、實驗步驟

1. **平盤培養法(Agar plate method)**

   (1) 取 4 支試管並標明 *A*、*B*、*C*、*D*。

   (2) 將 10 mL 牛奶裝入 *A* 試管中。

(3) 從 *A* 試管取 1 mL 牛奶並裝入 *B* 試管中，在 *B* 試管中加入 9 mL 生理食鹽水（稀釋 10 倍）。

(4) 從 *B* 試管取 1 mL(稀釋 10 倍)牛奶並裝入 *C* 試管中，在 *C* 試管中加入 9 mL 生理食鹽水（稀釋 100 倍）。

(5) 從 *C* 試管取 1 mL（稀釋 100 倍）牛奶並裝入 *D* 試管中，在 *D* 試管中加入 9 mL 生理食鹽水（稀釋 1,000 倍）。

(6) 將含基礎營養培養基的試管預先加熱至 90~100°C，並置於 55~60°C 之水浴槽中備用。

(7) 各取稀釋不同倍數之牛奶 1 mL 分別加入步驟(6)之試管內。

(8) 混合均勻後，分別倒入 4 個不同培養皿（圖 7-1）。

(9) 靜置 25~30 分鐘。

(10) 待凝固後，置於 37°C 培養 24 小時後，計數菌落。

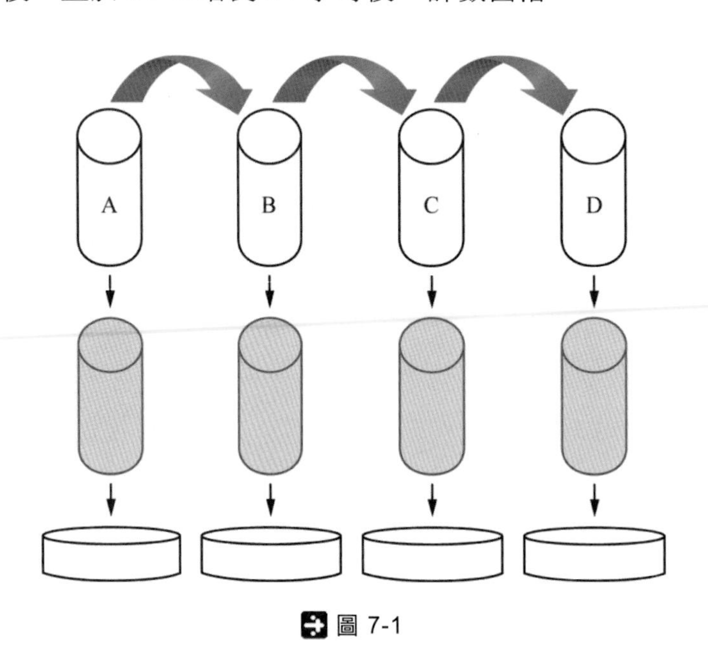

圖 7-1

2. **檢測大腸桿菌**

(1) 以接種環沾受檢測之牛奶，分別塗在 VRBA 及 DLA 培養基上，並標示清楚。

(2) 接種後，置於 37°C 培養 24 小時。

3. **甲基藍還原法**(Methylene blue reduction test)

(1) 取 10 mL 之牛奶置於試管中。

(2) 以巴斯德滅菌法(Pasteurization)滅菌，包括 62°C，30 分鐘；或 71.7°C，15 秒。

(3) 加入 1~2 滴甲基藍至 10 mL 之牛奶中（圖 7-2）。

(4) 混合均勻。

(5) 置於 37°C 水浴槽中反應。

(6) 每隔 15 分鐘觀察是否完全褪色（即由藍變白）（圖 7-3）。

7 實驗

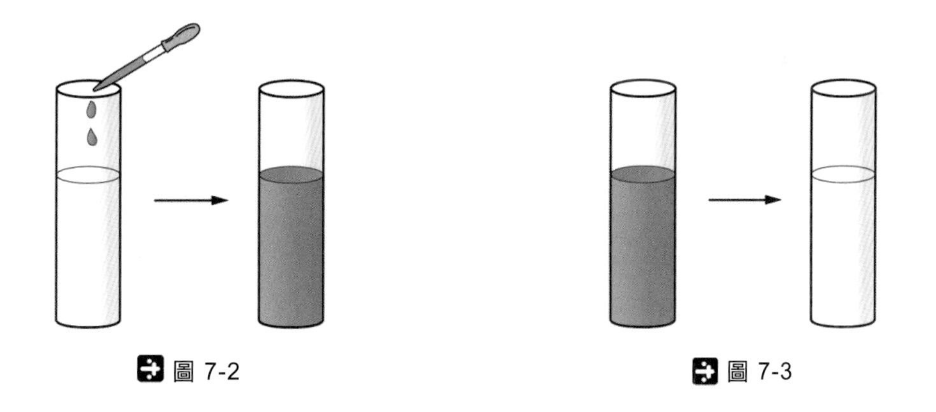

圖 7-2　　圖 7-3

四、觀察結果

1. 平盤培養法

(1) 選擇菌落在 30~300 個之間的培養皿進行計數。

(2) 計數之量 CFU/mL：*N* 個菌落×稀釋倍數＝每 mL 所含之細菌數。

2. 檢測大腸桿菌

(1) 若有深紅色菌落，直徑 0.5 mm，則以(＋)表示有 *Escherichia coli*。

(2) 可再操作革蘭氏染色。

3. 甲基藍還原法：牛奶依褪色時間可分三級：

級別	退色時間
A 級	8 小時以上
B 級	5.5~8 小時
C 級	5.5 小時以下

實驗報告

系所｜　　　　姓名｜　　　　學號｜

結果記錄

1. 平盤培養法（請將培養的菌落數依試管稀釋倍數記錄於下表）。

試　管	a（原倍）	b (1:10)	c (1:100)	d (1:1000)
菌落數				

2. 檢測大腸桿菌
   (1) 敘述 VRBA 與 DLA 上菌落的特性。
   (2) 革蘭氏染色的結果為何？
3. 甲基藍還原法（請將退色的時間記錄於下）。

7 實驗

問題討論

1. 牛奶中除了 *Escherichia coli* 外，是否還有其他細菌？
2. *Escherichia coli* 是屬於革蘭氏陽性菌或革蘭氏陰性菌？
3. 牛奶中加入之甲基藍液為何會褪色？

7 實驗

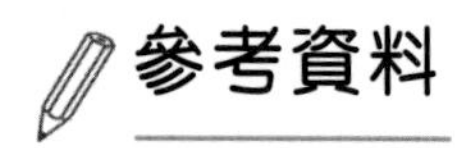

參考資料

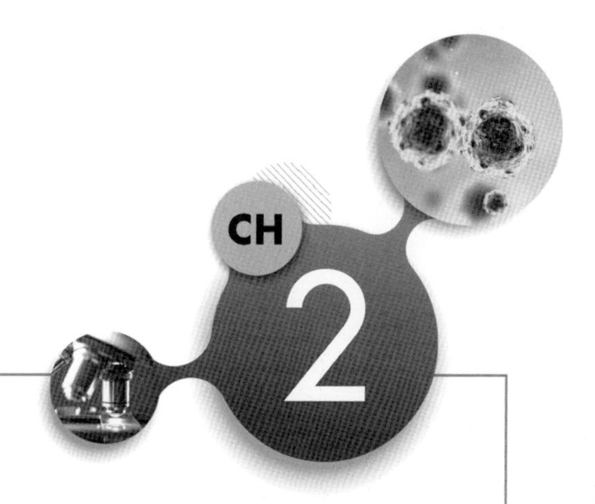

免疫學實驗

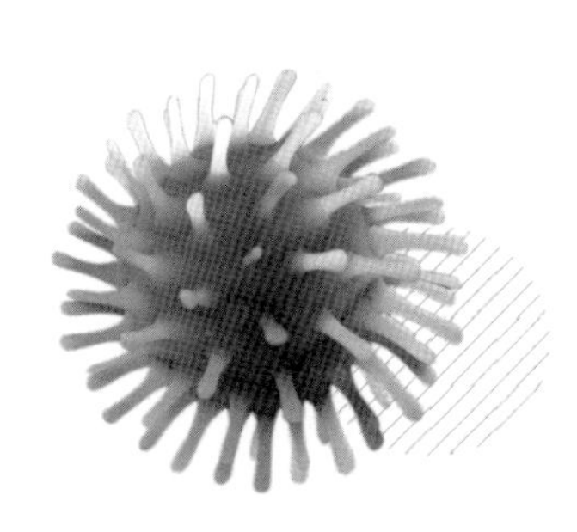

實驗

8 沉澱試驗

(Precipitation Test)

一、目的與原理

沉澱反應是指可溶性的抗原(soluble antigen)和特異性抗體(specific antibody)結合形成不可溶大分子沉澱物的反應。本實驗以常見之抗原與抗體，於凝膠內之擴散與結合形成沉澱線條的方法，來偵測抗原－抗體之反應。此方法又稱為雙向免疫擴散試驗(double immunodiffusion test)或歐氏二重擴散法(Ouchterlony double diffusion method)。

二、實驗材料

1. 1.2% 凝膠(agarose)。
2. 培養皿。
3. 3 c.c.可拋棄式塑膠吸管頭，自動吸管(pipetman)，微量離心管 2 支。
4. 抗原
   (1) 人類血清。
   (2) 牛血清白蛋白(bovine serum albumin)。
5. 抗體：牛血清白蛋白之抗血清(rabbit anti-bovine serum albumin antiserum)。
6. 生理食鹽水(0.9% NaCl)。

三、實驗步驟

1. 凝膠加熱煮溶後，冷卻至 50°C 左右。
2. 將未凝固之凝膠，倒入培養皿內，形成一厚約 3~4 mm 均勻凝膠，待完全凝固。（約 20~30 分鐘）（注意：置放在一水平表面是重要的）。

3. 利用可拋棄式塑膠吸管頭穿出 6 小孔（邊緣要整齊），其每一小孔約 3 mm 大小，中間 1 小孔，而周圍則環繞 5 小孔，周圍小孔與中央小孔之距離為 8 mm，並在培養皿底部標明周圍小孔為#1、#2、#3、#4、#5 等號碼（圖 8-1）。
4. 稀釋牛血清白蛋白，以生理食鹽水做 10 倍（0.1 mL 牛血清加 0.9 mL 生理食鹽水）及 100 倍（0.1 mL 之 10 倍稀釋牛血清加 0.9 mL 之生理食鹽水）之稀釋。
5. 將 1 倍、10 倍、100 倍三種不同濃度之牛血清，以自動吸管分別加入#1、#2、#3 之 3 小孔內，牛血清加至與凝膠表面平高即可。
6. 另將人類血清加入#4 小孔，生理食鹽水加入#5 小孔。
7. 最後將抗體加入中央小孔內。
8. 將凝膠之培養皿置於潮濕之容器內（內置足夠潮濕棉花），以保持溼度。
9. 將培養皿靜置於室溫中，以待觀察。

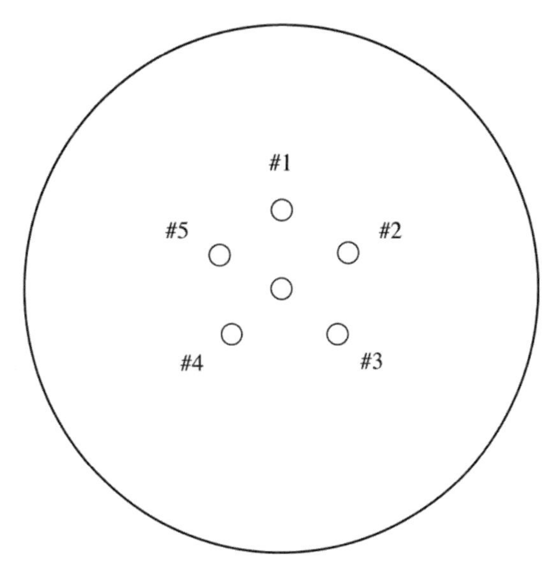

圖 8-1　沉澱反應實驗裝置圖

8 實驗

實驗報告

系所｜　　　　　姓名｜　　　　　學號｜

結果記錄

1. 每天觀察凝膠上各孔間是否出現沉澱體，記錄出現之時間。
2. 同時描繪沉澱線之數目、粗細、清晰度、形狀及位置。

8 實驗

問題討論

1. 哪幾個小孔與中央小孔之間會出現沉澱線？
2. #1、#2、#3 的小孔內抗原濃度不同，產生之沉澱體有何不同，兩者之間有何關係？此是否為所謂的「抗血清效價(titer)」？
3. 小孔#4 與#5 和中央小孔之間是否會有沉澱線產生，為什麼？
4. 解釋沉澱線的有無、粗細、位置代表的意義。
5. 請說明若沒看到沉澱線，或沉澱線不清楚可能的原因。

8 實驗

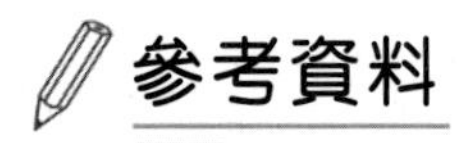

參考資料

實驗 9 凝集試驗
(Agglutination Test)

凝集反應是指具特異性的抗體（在此反應稱為凝集素，agglutinin）與細胞或微粒(particle)上的抗原（凝集原，agglutinogen）結合後，造成細胞或微粒的凝聚。血型的分類即是根據觀察血球抗原－抗體凝集的現象來決定的。血球凝集是因為紅血球細胞膜上所含的凝集原(agglutinogen)及血漿內所含的凝集素(agglutinin)產生凝集反應所造成的。在紅血球上有多種不同的抗原，因此人類的血型也有許多種分類法。目前免疫學上較常用的是 ABO 血型及 Rh 血型。

一、目 的

血型的鑑別在輸血時非常重要，若血型不合，則輸血後會導致血液凝集而發生溶血等後果。所以在本實驗中，以標準的抗血清及實驗者的血液作為材料，來實際操作血球的凝集試驗，以確認血型。

二、實驗材料

1. 血清
   (1) A 血清(Anti-A)。
   (2) B 血清(Anti-B)。
   (3) Rh 血清(Anti-D)。
2. 無菌採血針數支。
3. 消毒用酒精棉片或酒精棉球。
4. 無菌玻片數片（可用酒精棉先擦拭）。

三、實驗步驟

1. 取一片無菌玻片，以簽字筆在玻片上劃三個圈，並標明 *A*、*B* 及 *D*。
2. 依 *A*、*B*、*D* 的標記，分別加入 1 滴 Anti-A、Anti-B、Anti-D 血清於玻片的圈內。
3. 以酒精棉消毒手指尖後，再用採血針輕刺，並將血擠壓出。

4. 另取一玻片，以玻片的角之尖端沾血，並將血滴入 *A* 圈內，再以尖端輕輕混勻。
5. 以玻片的另一個角沾血後，將血滴入 *B* 圈內，以尖端輕輕混勻。
6. *D* 圈的操作同上(此 3 次取血與血清混合不可用玻片的同一尖端，以免影響結果)。
7. 輕輕搖晃玻片數次後，靜置 10 分鐘。
8. 以肉眼或顯微鏡觀察結果。

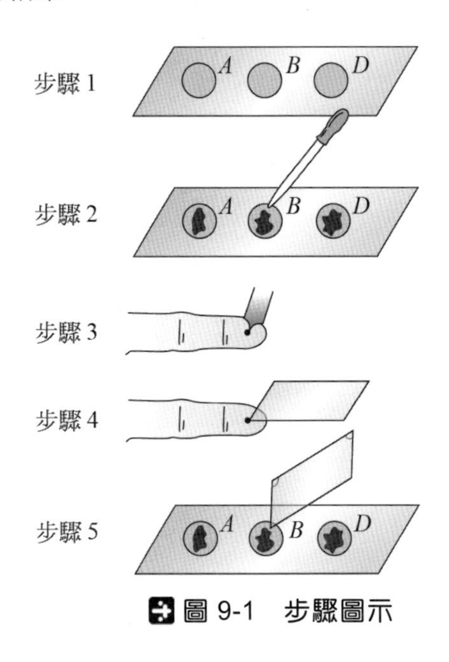

圖 9-1 步驟圖示

四、實驗結果

1. ABO 血型
   (1) *A* 及 *B* 圈中的血液均不凝集者，為 O 型血液。
   (2) *A* 圈（加 Anti-A）凝集者，為 A 型血液。
   (3) *B* 圈（加 Anti-B）凝集者，為 B 型血液。
   (4) *A* 及 *B* 圈中的血液均凝集者，為 AB 型血液。
2. Rh 血型
   (1) *D* 圈（加 Anti-D）凝集者，為 Rh 陽性。
   (2) *D* 圈（加 Anti-D）不凝集者，為 Rh 陰性。

實驗報告

系所｜　　　　　　姓名｜　　　　　　學號｜

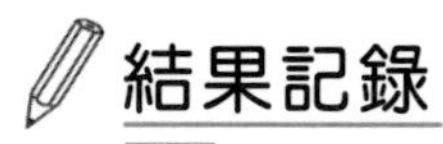

結果記錄

將自己在顯微鏡下觀察的結果畫出或照相，並註明受測者為哪種血型。

9 實驗

問題討論

1. 血型的鑑別在臨床上的意義為何？
2. 若孕婦與其胎兒的 Rh 血型不同，會導致什麼情況？
3. 為何 O 型血可輸給任何一種血型的人？

9 實驗

參考資料

實驗 10 酵素免疫分析試驗

(Enzyme-Linked Immunosorbent Assay, ELISA)

酵素免疫吸附分析法乃在利用抗原抗體之間專一性鍵結之特性，對樣本進行檢測和定量。由於結合於固體承載物（一般為塑膠孔盤）上之抗原或抗體依然具有被辨別的能力，因此利用抗原抗體結合的原理，配合將酵素連結到抗原或抗體上，再用酵素活性催化受質反應而呈現顏色或產生螢光之深淺來進行定量分析，亦可顯示特定抗原或抗體是否存在。根據偵測的方式，ELISA 有不同類型的檢測方法分別為直接，間接，三明治和競爭等方法，其中以三明治法(sandwich)為最普遍使用。

B 型肝炎病毒(hepatitis B virus, HBV)感染，目前依然是台灣流行病學重視的問題，全球估計有 3 億多的 HBV 帶原者。其中 75%分布於東南亞地區，台灣為高帶原國家，1984 年開始台灣新生兒普遍接受 HBV 疫苗預防注射，雖然降低帶原率，但依然比日本及歐美高出很多。而確認 B 型肝炎病毒表面抗原(hepatitis B virus surface antigen, HBsAg)為協助診斷 HBV 感染的重要標記。酵素免疫分析試驗則是一個快速檢驗的方法。

一、目的

練習利用酵素免疫分析法，檢驗檢體是否含有 B 型肝炎病毒表面抗原。

二、原理

HBsAg One Step 酶免疫檢驗試劑是高靈感度、無放射性的三明治酵素免疫分析試驗方法，藉由微量滴定盤孔上吸附的 Anti-HBs 抗體與外加的檢體、對照組及 Anti-HBs：HRPO 酶(horseradish peroxidase)接合體共同培養。培育期間，存在的 HBsAg 可與吸附在滴定盤孔上的 Anti-HBs 抗體結合，同時並與 Anti-HBs：HRPO 酶接合體結合。未結合的物質經清洗去除後，根據滴定盤孔上黏接的酵素活力判定結果；最後利用稀硫酸(H_2SO_4)終止過氧化酶對磷苯二胺(o-phenylenediamine,

OPD)作用的呈色反應，在波長 492 nm 下測量吸光值；最終的測量結果等於或大於篩選值(cut-off value)時判定為 HBsAg 陽性反應，相反則為陰性反應。

三、實驗材料

1. 吸附單株 Anti-HBs 抗體的微量滴定條(Monoclonal anti-HBs coated microtiter strip)。
2. 單株 Anti-HBs: HRPO 接合溶液(Monoclonal anti-HBs: HRPS conjugates)。
3. HBsAg 陽性及陰性對照血清。
4. 清洗液。
5. 酵素受質稀釋溶液（含酵素受質 OPD 錠呈色劑）。
6. 2N H_2SO_4 反應終止試劑。

四、實驗步驟

1. 各組將會收到一條具八個孔且已吸附有單株 Anti-HBs 抗體的微量滴定條。取用時不要將碰觸底部塑膠盤的位置。
2. 其中最左邊 3 個洞，加入生理食鹽水 100 μL，作為背景值，第 4 到第 6 個洞加入實驗室準備待測樣本 100 μL，第 7 個洞加入陰性樣本 100 μL，第 8 個洞加入陽性樣本 100 μL。
3. 將單株 Anti-HBs：HRPO 接合溶液 50 μL 加入每一個微量滴定條中。
4. 黏好封條，於 37°C 環境放置 30 分鐘。
5. 撕掉封條，倒掉檢測物質，利用清洗液 300 μL 加入每一個微量滴定條中，此一步驟重複三次。
6. 加入酵素受質稀釋溶液 100 μL，避光 30 分鐘。
7. 加入 100 μL H_2SO_4 反應終止試劑。
8. 利用分光比色計測量結果。

五、結果判讀

1. 計算篩選值(cut-off value)：陰性對照組吸光度的平均值+0.05。
2. 檢體吸光值小於 cut-off value，則為陰性反應。
3. 檢體吸光值大於 cut-off value，則為陽性反應。

實驗報告

系所｜　　　　　　姓名｜　　　　　　學號｜

結果記錄

記錄下所有樣本之吸光度。

問題討論

1. 酵素免疫分析法不同類型的檢測方式的差異為何，有何優缺點？
2. 影響酵素免疫分析法正確度的因子有哪些？
3. 如何利用酵素免疫分析法來定量目標物的濃度？

10 實驗

參考資料

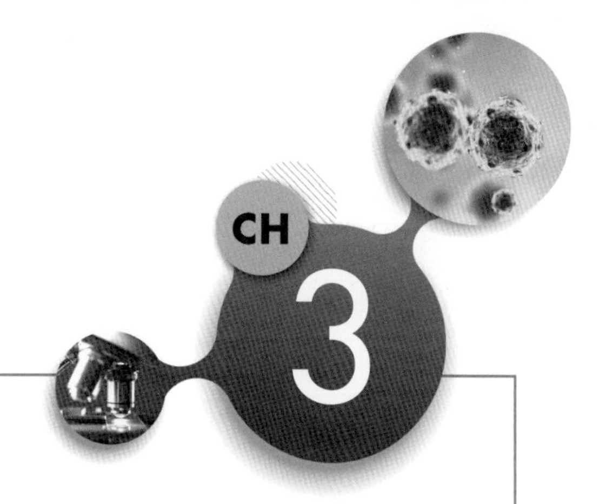

細菌學實驗

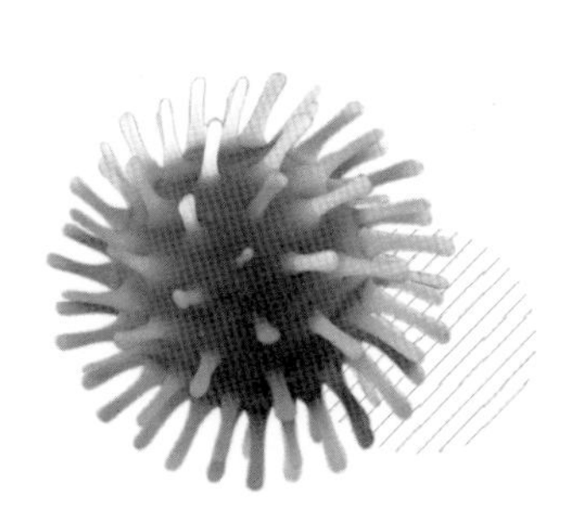

Microbiology Selected Experiments

11 致病性革蘭氏陽性球菌
(Pathogenic G(+) Coccus)

一、目 的

鑑別 *Staphylococcus*、*Streptococcus*、*Pneumococcus* (*Streptococcus pneumoniae*)等致病性革蘭氏陽性球菌。

二、實驗材料

1. 菌種
   (1) 金黃色葡萄球菌(*Staphylococcus aureus*)。
   (2) 白色葡萄球菌(*Staphylococcus albus*)。
   (3) 檸檬色葡萄球菌(*Staphylococcus citrus*)。
   (4) β 溶血性鏈球菌(β-hemolytic *Streptococci*)。
   (5) 草綠色鏈球菌(*Streptococcus viridans*)。
   (6) 糞鏈球菌(*Streptococcus faecalis*)。
   (7) 肺炎鏈球菌(*Streptococcus pneumoniae*)。
2. 革蘭氏染色液。
3. 三片營養培養基平盤。
4. 3%過氧化氫(H_2O_2)溶液。
5. 載玻片數片。
6. 木蜜醇半固體培養基(mannitol semisolid agar)。
7. 兔血漿或人血漿。
8. 無菌試管、無菌吸管、無菌培養皿。
9. 無菌蒸餾水。
10. 血液培養基平盤(blood agar plate)。

11. 以鈉膽鹽(sodium deoxycholate)溶液及 optochin 浸漬的紙片(商品名為 Taxo P)。
12. 鑷子、接種環、接種針。

三、實驗步驟

1. **革蘭氏染色觀察**：將 *Staphylococcus* 及 *Streptococcus* 直接做成染色抹片，以革蘭氏染色法染色後觀察。
2. **觸酶試驗**(Catalase test)
   (1) 於載玻片上以簽字筆劃分成二區，並標明 *A*、*B*。
   (2) 以接種環行無菌操作，各挑取適量的 *Staphylococcus* 菌屬、*Streptococcus* 菌屬二菌種，塗抹於載玻片上的 A、B 二區。
   (3) 二區各滴 1~2 滴的 3%過氧化氫溶液。
   (4) 靜置數分鐘後觀察結果，不同菌屬是否有差異的結果。
3. **木蜜醇發酵試驗**(Mannitol fermentation test)：將沾有三種不同 *Staphylococcus* 的接種針，分別種入含有溴甲酚紫(bromocresol purple)指示劑和 mannitol 的試管中，置於 37°C 培養，經 24 小時後觀察。
4. **凝固酶試驗**(Coagulase test)
   (1) 自標示為 *Staphylococcus aureus*、*Staphylococcus albus*、*Staphylococcus citrus* 三支斜面培養試管中挑取適量菌落，置於含有 0.5 mL 無菌水的試管內，攪拌至混懸後備用。
   (2) 用無菌吸管吸取上述菌液，加入含有兔血漿的試管中，混合後靜置於 37°C 水浴槽中，經 30 分鐘及 4 小時後觀察結果。
5. **色素形成試驗**(Pigment formation test)：將三種不同 *Staphylococcus* 接種於營養培養基平盤上，於 25°C 培養 48~72 小時後觀察之。
6. **鏈球菌的溶血作用**(Hemolytic reaction)：將 *Streptococcus* 接種於血液培養基平盤，置於 37°C 培養箱中，隔天觀察之。
7. **枯草桿菌素敏感性試驗**(Bacitracin sensitivity test)：將 bacitracin (2 unit)之濾紙錠貼於 *Streptococcus* 之厚塗菌種上，隔天觀察之。

四、原 理

(一) *Staphylococcus* 的鑑別

Staphylococcus 的種類眾多，其中有些具致病性，例如 *Staphylococcus aureus*，有些則較不具致病性，例如 *Staphylococcus albus* 及 *Staphylococcus citrus*。*Staphylococcus albus* 類似於表皮葡萄球菌(*Staphylococcus epidermidis*)，其致病性小，但量多時亦會致病。

這些不同種類的 *Staphylococcus* 可以利用下列幾種試驗檢測其特性：

1. Gram stain：*Staphylococcus* 為 G(+)藍紫色的球菌。
2. Catalase test（過氧化氫酶）：主要用來鑑別 *Staphylococcus* 和 *Streptococcus*（*Staphylococcus* 含有 catalase）。
   (1) 原理：具有 catalase 的細菌會催化 $H_2O_2 \rightarrow O_2 + H_2O$ 反應進行，且反應為「立即」反應。
   (2) 方法：用接種環挑取菌種，置於玻片的 H_2O_2 中。若用 slant 培養菌，可直接滴 H_2O_2 於 slant 上。
   (3) 結果：*A* 產生氣泡 O_2 為陽性，故可推測 *A* 中加入的細菌為 *Staphylococcus*，*B* 沒有產生氣泡 O_2。
   (4) 注意：*Streptococcus* 需要血才會長得好，一般培養在 blood agar (5% sheep blood)中，需輕刮其上的細菌，勿刮到 blood agar，否則會因血球也具 catalase 而產生偽陽性的反應結果。
3. Mannitol fermentation test：可區分出 3 種 *Staphylococcus*，因為其致病力差很多。
   (1) 原理：*Staphylococcus aureus* 會分解 mannitol，而使指示劑例如 bromocresol purple 由中性的紫色變成酸性的黃色，或 phenol red 由紅色變成黃色。
   (2) 方法：將沾有三種 *Staphylococcus* 的 3 支接種針，分別插入 3 根含有 bromocresol purple 和 mannitol 的試管中，經 37°C 培養 24 小時後觀察。

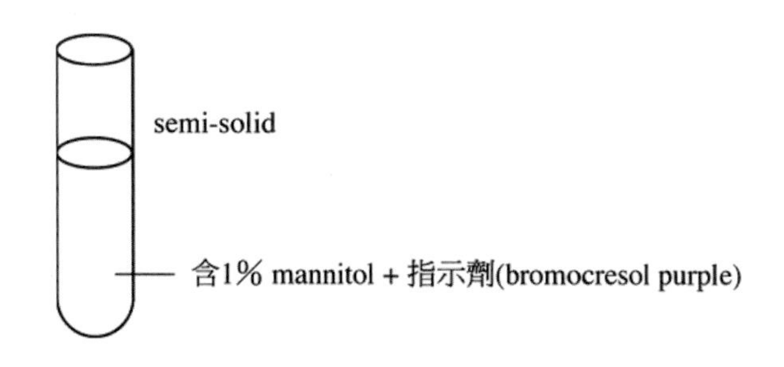

(3) 結果：只有含 *Staphylococcus aureus* 的試管在接種針插入的周圍變成黃色，另 2 根的顏色則沒有變化。

4. Coagulase test

(1) 原理：*Staphylococcus aureus* 含 coagulase 會使血液凝固，即 fibrinogen→fibrin，血液凝固將細菌包在裡面，因此可以抵抗人體的吞噬作用(phagocytosis)。

(2) 結果：培養在 37°C 1~4 小時後，只有 *Staphylococcus aureus* 出現凝固的現象，其他 2 管則為液狀。

5. Pigment formation test：色素是最早用來區分細菌的方法，所以細菌的學名中才有 *aureus*、*albus*、*citrus* 等字，但由於有些細菌會變種，所以現在多用其他方法區分。

(1) 原理：因為色素為脂溶性物質，不會溶於培養皿中，所以會出現在細菌本身的菌落中。

(2) 方法：在培養皿上劃分成 3 個區域，再接種細菌(*aureus*、*albus*、*citrus*)即可（如圖 11-1）。

(3) 結果：於 25°C 培養 48~72 小時後，可見到 *Staphylococcus aureus* 呈金黃色、*Staphylococcus albus* 呈白色、*Staphylococcus citrus* 呈檸檬黃色。

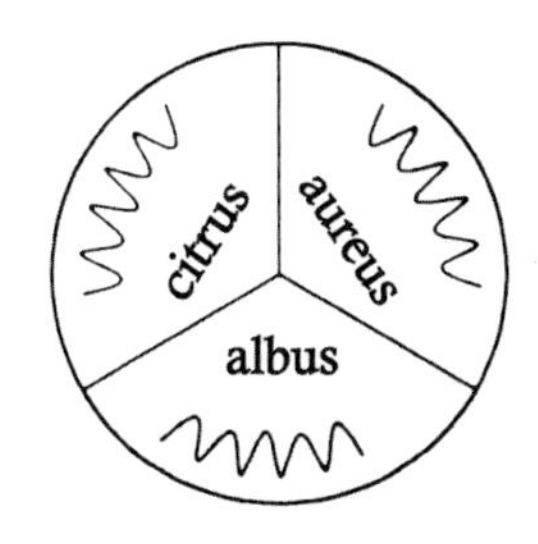

圖 11-1　三種葡萄球菌接種的方式

(二) *Streptococcus* 的鑑別

Streptococcus 的形態特徵為短鏈球狀或長鏈球狀，根據在 blood agar 上的溶血作用，又被分為 alpha、beta、gamma 等溶血特性。

1. Gram stain：*Streptococcus* 為 G(+)的球菌。
2. Hemolytic reaction：可用來區分 alpha、beta、gamma-hemolysis 三種 *Streptococcus* 的細菌（表 11-1）。
   (1) Alpha (α)：不完全(incomplete)溶血，菌落周圍為一圈草綠色。
   (2) Beta (β)：完全(complete)溶血，菌落周圍可見一圈透明的溶血圈。
   (3) Gamma (γ)：完全不溶血(nonhemolytic)，菌落周圍沒有改變。
3. Bacitracin sensitivity test：用來區分出β-group A *Streptococcus*。
   (1) 原理：利用β-group A *Streptococcus* 會對 bacitracin（枯草桿菌素）有感受性，而區分出來。
   (2) 方法：將枯草桿菌素貼在塗滿細菌的培養皿中。
   (3) 結果：枯草桿菌素周圍出現了抑制圈，故可知此菌為β-group A *Streptococcus*。

4. CAMP test：用來區分β-group B *Streptococcus*。
   (1) 原理：利用β-group B *Streptococcus* 會分泌 CAMP factor 加強 *Staphylococcus aureus* 的溶血反應而鑑別出β-group B *Streptococcus*。
   (2) 方法：如圖 11-2 的接種細菌，*A~C* 接種 *Streptococcus* 細菌。
   (3) 結果：只有 *B* 會產生如箭頭狀的溶血形狀，則 *B* 為β-group B *Streptococcus*。

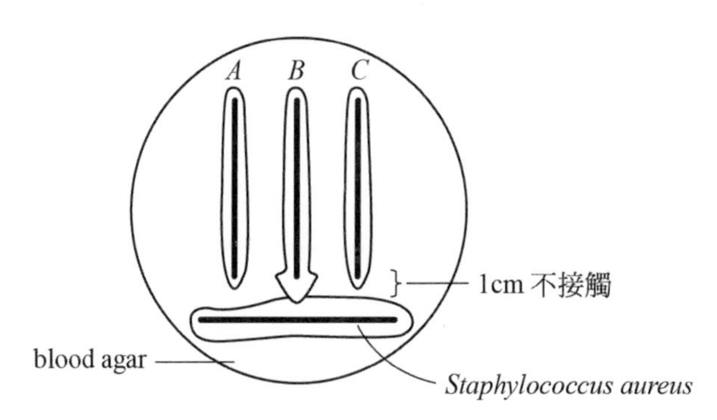

圖 11-2 Group B *Streptococcus* 為 CAMP factor 陽性

5. Heat-resistance 或 Salt-tolerance test：用來區分出β-group D *Streptococcus*。

(1) 原理

A. 利用β-group D *Streptococcus* 對熱有強列抵抗力，鑑別出β-group D *Streptococcus*(因為一般 *Streptococcus* 在 60°C、30 分鐘就會死亡，β-group D *Streptococcus* 仍能存活)。

B. 利用β-group D *Streptococcus* 對鹽類有強抵抗力，鑑別出β-group D *Streptococcus*（因為一般細菌的培養基其 NaCl 為 0.5%，β-group D *Streptococcus* 可存活於含 6.5%NaCl 的培養基中）。

(三) *Pneumococcus*（即 *Streptococcus pneumoniae*，屬於α溶血）

1. Capsule swelling test (Quellung reaction)：莢膜(capsule)是一種抗原(Ag)，利用 *Pneumococcus* 有莢膜的特性，故加入抗體(Ab)後，會使莢膜脹大。
2. Bile solubility test：*Pneumococcus* 在老時會自行分解(autolysis)，而加入 bile 後，會促進其自行分解的進行。若在 broth 中培養 *Pneumococcus*，當細菌長出來時，液體會濁濁的，但加入 bile 後則變為澄清（細菌被分解）。這是將肺炎鏈球菌從其他鏈球菌分別出來最可靠的方法之一。
3. Optochin sensitivity test：optochin 為一種化學試劑，*Pneumococcus* 會使 optochin 周圍出現抑制圈，可區分α溶血性 *Streptococcus* 和 *Pneumococcus*。
4. Inulin fermentation test：用來鑑別出 *Pneumococcus*。

   (1) 原理：利用 *Pneumococcus* 會使 inulin 發酵，產生酸，使指示劑變色，而區分出 *Pneumococcus*。實驗方法與 mannitol fermentation test 類似。
5. Mouse virulence test：將 *Pneumococcus* 打入小鼠的腹腔中，觀看小鼠所表現的病理變化。

表 11-1 致病性鏈球菌的生化特性

特性 / 菌種	Hemolysis effects	Bacitracin sensitivity	CAMP factor	Bile solubility	Optochin sensitivity
Streptococcus pyogenes	β	S	－	－	R
Streptococcus agalactiae	β	R	＋	－	R
Streptococcus pneumoniae	α	R	－	＋	S

註：S＝sensitivity（敏感性），R＝resistant（抗藥性）。

實驗報告

系所｜　　　　姓名｜　　　　學號｜

結果記錄

1. 請將三種葡萄球菌的分析結果說明並比較。
2. 請將三種鏈球菌的分析結果說明並比較。

問題討論

1. 利用鏡檢以菌落觀察法是否可區分出葡萄球菌與鏈球菌？如果不行，應該再做何種試驗？
2. 簡述鏈球菌在溶血測試中的溶血反應及其特徵?
3. 利用色素沉澱用來區分 3 種 *Staphylococcus* 色素形成試驗中，細菌培養的溫度應在幾度為宜？為什麼？
4. 實驗室欲鑑定出肺炎鏈球菌，常使用何種試驗？

參考資料

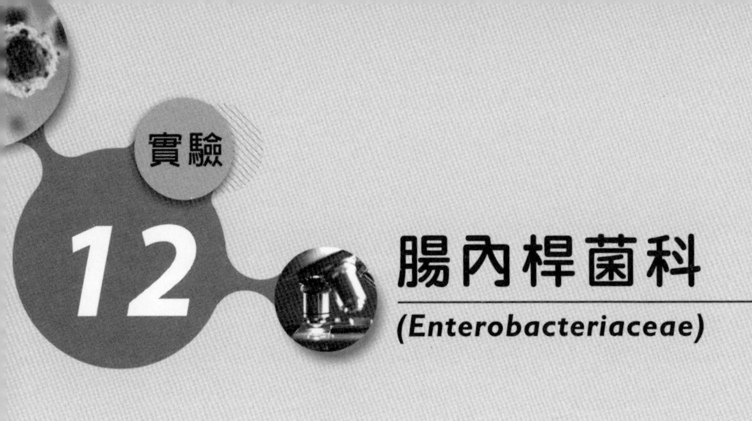

腸內桿菌科 (Enterobacteriaceae)

腸內桿菌科(*Enterobacteriaceae*)的細菌是人類或動物腸道內主要的菌叢，皆為革蘭氏陰性菌，常見包括大腸桿菌(*Escherichia coli*)、產氣桿菌屬(*Enterobacter* spp.)、變形桿菌屬(*Proteus* spp.)、沙門氏菌屬(*Salmonella* spp.)、志賀氏菌屬(*Shigella* spp.)等細菌。腸內菌分離最大的特性是同時採用多種培養基，利用不同菌種之間生化特性的差異，作逐步分離、篩選和鑑定。

一、目的與原理

將檢體接種在含有特殊成分的培養基上，如含乳糖的 Eosin-methylene blue (EMB)和 MacConkey's medium 培養基等，觀察不同腸內桿菌在不同培養基的生長情形，可做為初步分離的根據。將初步分離的菌落接種在特定設計的各種生化培養基內（如 IMViC 試驗），可依其表現的不同生化特性鑑定菌群和菌種。

二、實驗材料

(一) 細菌的培養與檢品

培養 24 小時的大腸桿菌(*Escherichia coli*)、產氣腸桿菌(*Enterobacter aerogenes*)、變形桿菌(*Proteus vulgaris*)、沙門氏桿菌(*Salmonella paratyphi B*)、志賀氏桿菌(*Shigella dysenteria*)、綠膿桿菌(*Pseudomonas aeruginosa*)於平盤培養基。

1. Eosin-methylene blue (EMB)平盤 1~2 個。
2. MacConkey's medium 平盤 1~2 個。
3. Triple-sugar iron (TSI)半斜面培養基 4 支。
4. Urea agar 平盤 2 個。
5. Peptone water 2 支。
6. Methyl red medium 2 支。

7. Voges-Proskauer (VP medium) 2 個。
8. Simmon's citrate 斜面培養基 2 支。
9. Ether。
10. Kovac's reagent。
11. 0.01% methyl red solution。
12. 6% α-naphthol solution。
13. 40% NaOH solution。
14. 基礎營養培養基(nutrient agar plate)1~2 個。

(二) 儀　器

酒精燈、接種環(loop)、接種針(needle)、滴管。

三、實驗步驟

(一) 染色觀察

單一染色法或革蘭氏染色法觀察細菌的外形、顏色及排列方式。

(二) 接種分離

將細菌接種到含碳水化合物(carbohydrate)之培養基（EMB 或 MacConkey's medium），於 37°C 培養 18~24 小時。觀察菌落及其顏色變化。

(三) 生化鑑定

1. 將分離的菌落分別接種至 TSI 半斜面培養基，先用接種針作穿刺接種，再塗劃在培養基表面。37°C 培養 18~24 小時後，觀察結果。
2. IMViC 試驗：將分離的菌落分別接種至 Peptone water、Methyl red medium、Voges-Proskauer (VP medium)、Simmon's citrate medium。

(四) 其他生化鑑定

一般常用含有生化特性的鑑定培養基及方法如下：

1. **含有碳水化合物(carbohydrate)培養基**：可鑑定菌種是否會分解發酵碳水化合物如葡萄糖、乳糖等，若會發酵則會產生酸或氣體，此時培養基內的指示劑酸鹼度改變可使菌落的顏色改變，作為鑑定的依據。EMB 培養基的指示劑為 eosin Y 和 methylene blue，其酸性時為紫黑色，pH 4.5 以下時會形成中心黑色、有綠色金屬光澤的大菌落；*Salmonella-Shigella* 培養基、MaCconkey 培養基和 Endo 培養基等 3 種培養基的指示劑為 neutral red，其酸性為粉紅色，鹼性為無色。
2. **Triple-sugar iron (TSI)培養基**：最常做為鑑定腸內桿菌多樣性變化的培養基。主要是依據細菌發酵醣類的結果、是否產氣和產生硫化氫等三者情形作為比對的參考。
   (1) K/K 整支顏色不變（維持紅色）。
   (2) A/AG(＋)整支顏色變黃色，並有氣體產生。
   (3) A/AG(－)整支顏色變黃色，沒有氣體產生。
   (4) K/AG(＋) H_2S(＋)試管下端變黃色，但斜面三角頂端為紅色，並有氣體產生。若有黑色沉澱物產生，為 FeS 產物。
3. **IMViC 試驗培養基**：以 *Escherichia coli* 及 *Enterobacter* 為測試菌種。
   (1) Indole test：若細菌會分解色胺酸(tryptophan)產生吲哚(indole)，則加入柯氏試劑(Kovac's reagent)後，試劑內所含的 ρ-dimethylaminobenzaldehyde 會和 indole 結合，產生紅色的化合物。
   (2) Methyl red test：細菌若會分解葡萄糖則會產生酸，而使 pH 值下降，導致甲基紅呈現紅色（陽性）。
   (3) Voges-Proskauer test：試驗細菌分解葡萄糖後產生一種中性之代謝產物 acetylmethylcarbinol (acetoin)。
   (4) Simmon's citrate test：培養基原為綠色，若顏色變為藍色則為陽性反應。
   (5) IMViC 結果判斷
      A. Indole test：將細菌培養於 peptone water 中，於 37°C 培養 24~48 小時後，加入 1mL ether，混合後，等待分層，再加入 5 滴 Kovac's reagent，觀察顏色變化。呈現櫻桃紅色表示陽性結果。

B. Methyl red test：將細菌接種於 Methyl red medium 中，於 37°C 培養 24~48 小時。之後加入 2 滴 Methyl red，搖晃混合後，觀察顏色的變化。呈現紅色表示陽性反應(*Escherichia coli*)。

Glucose→acids (*Escherichia coli*)

Glucose→pyruvate→acetoin (*Enterobacter*)

Methyl red (＋)：yellow→red (*Escherichia coli*)

C. Voges-Proskauer test (VP medium)：包括 solution A (5% α-naphthol)與 solution B (40% KOH)，將細菌接種於 VP medium 中，於 37°C 培養 24~48 小時。之後加入 10 滴 solution A，搖晃混合後，加入 5 滴 solution B。搖晃混合後，靜置 15~20 分鐘，觀察顏色的變化。呈現紅色表示陽性反應(*Enterobacter*)。

D. Simmon's citrate test：將細菌穿刺劃線培養於 Simmon's citrate 斜面培養基中（草綠色），於 37°C 培養 24~48 小時後，觀察顏色的變化。呈現深藍色表示陽性反應。

4. 尿素水解作用試驗

(1) 材料

A. 接種環、酒精燈。

B. Medium：尿素斜面培養基(urea agar slant)。

C. 菌種：*Escherichia coli*、*Salmonella* spp.、*Proteus vulgaris*。

(2) 步驟

A. 將不同菌種分別接種於尿素斜面培養基之斜面處。

B. 置於 37°C、培養 2~16 小時。

C. 觀察結果。

(3) 結果：記錄培養基之顏色變化，呈現粉紅色表示陽性反應。

5. Mannitol fermentation test：將 *Salmonella* 及 *Shigella* 菌種，接種至 mannitol 培養基中（可參考致病性革蘭氏陽性球菌之實驗）。

實驗報告

系所｜　　　　　　　　姓名｜　　　　　　　　學號｜

結果記錄

1. 請照相或繪圖說明各菌種基礎營養培養基和乳醣培養基呈現的結果。
2. 請照相或繪圖並說明各菌種在 TSI agar 呈現的原理和結果。
3. Triple-Sugar Iron 培養基最常用來鑑定腸內桿菌的多樣性變化，請問其中包含哪三種醣類及為何可判別菌種有產生硫化氫。
4. 請說明測試菌種在 IMViC agar 的結果。

12 實驗

問題討論

1. 請說明在有感染或汙染腸內桿菌科的檢體中，將細菌逐一檢驗的流程和方法？
2. 請根據實驗所使用的腸內菌菌種大腸桿菌(*E. coli*)及產氣桿菌(*Enterobacter aerogenes*, E.A)變形桿菌屬(*Proteus spp.*, P.S)、沙門氏菌屬(*Salmonella spp.*, Sal)、志賀氏菌屬(*Shigella spp.*, Shi)，寫出下列培養基之應用原理及上述細菌之實驗結果？
   (1) EMB medium
   (2) TSI agar
   (3) Urea medium
3. 請說明何種試驗可判定細菌是否會產生硫化氫(H_2S)？
4. 沙門氏桿菌和志賀氏桿菌如何區別？

12 實驗

參考資料

結核分枝桿菌
(*Mycobacterium tuberculosis*)

此菌細胞壁含有高脂質，故無法用一般的染色法染色，必須使用高濃度之染劑（如石炭酸複紅(carbolfuchsin)），並且經過加熱處理或染色時間延長後才可被染色，一旦著色即使用強脫色劑（如酸性酒精）亦無法使其脫色。這類細菌稱之為抗酸性細菌(acid-fast bacteria)，例如結核分枝桿菌(*Mycobacterium tuberculosis*)和痲瘋桿菌(*Mycobacterium leprae*)，以及某些放線菌(*Actinomycetes*)。

結核分枝桿菌常見的檢查方式有四種：(1)直接抹片染色鏡檢、(2)細菌培養、(3)動物（天竺鼠）接種與(4)生化檢查。染色鏡檢除了嚴重的肺結核患者可在痰內見到結核桿菌，其餘患者則很少見到。如發現抹片上出現兩個以上的結核分枝桿菌則視為可疑案例，需要進一步的培養觀察。含菌少的檢體則需用化學濃縮法將菌體濃縮後再行培養，才能得到較佳的結果。

一、目的與原理

藉由操作 Ziehl-Neelsen stain，使同學瞭解抗酸性染色的步驟與原理，同時也學會如何區別抗酸性細菌與一般的細菌。使用濃縮後之痰檢體接種在特殊的培養基上，觀察菌落的生長環境，有助於認識結核分枝桿菌的特性。

(一) *Mycobacterium tuberculosis* 的特性

1. 為不具備運動性(motile)、不產生孢子(spore)、沒有莢膜(capsule)的細菌。
2. 為需氧性及抗酸性桿菌。
3. 細胞壁厚，含有約 60%的脂肪，因此對外界環境抵抗性強。
4. 生殖時間(generation time)：行一次二分裂法約需要 12~18 小時，直至培養基上形成菌落約需要 1~2 個月。
5. 分裂慢，養分需求量極少。

二、實驗材料

1. 氫氧化鈉(NaOH)。
2. 含溴麝香草酚藍(bromothymol blue, BTB)指示劑。
3. 1N 鹽酸液(HCl)。
4. Lowenstein-Jensen slant。
5. 玻片。
6. 濾紙。
7. 無菌離心管。
8. 酸性酒精(acid-alcohol)（含 3% HCl 之 95%酒精）。
9. 亞甲基藍(methylene blue)。
10. 濃縮的 carbolfuchsin。
11. BCG 疫苗(Bacille-Calmette-Guerin vaccine)：是一種牛型分枝桿菌的減毒疫苗(attenuated bovine strain)，即俗稱卡介苗的結核疫苗。

三、實驗步驟

(一) 檢體前處理

將檢體濃縮(concentrate)，因為濃縮後之檢體，較易觀察到結核分枝桿菌。

1. 檢體(specimen)主要來源：痰液(sputum)、血液(blood)、尿液(urine)、脊髓液(spinal fluid)及胃內容物(gastric content)。
2. 處理步驟
   (1) 將檢體與 decontamination reagent 以 1:4 的比例混合。decontamination reagent 可用 4% NaOH，去除雜菌及破壞雙硫鍵，液化黏質(mucus)及蛋白質，也可用較溫和的 N-acetyl-L-cyster (NALC)。
   (2) 混合 3~5 分鐘。
   (3) 置於 37°C 培養 30 分鐘（每隔 10 分鐘混合一次）。
   (4) 中和(neutralization)

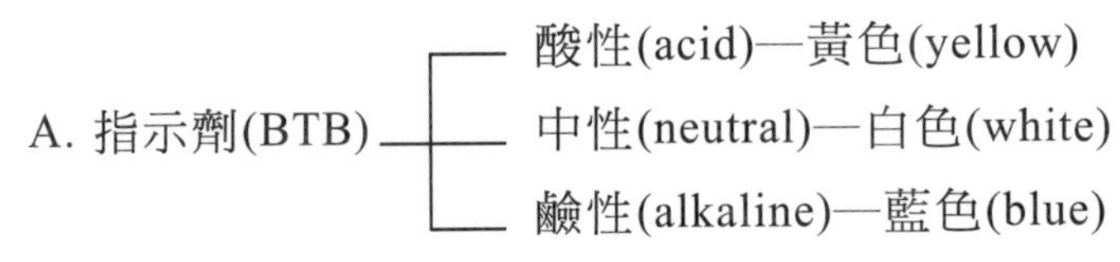

   B. 用 1N HCl 中和原來之鹼性。
   C. 中和至呈乳白色。

   (5) 以 2,500 rpm 離心 15 分鐘。

(6) 去掉上層清液（棄於滅菌袋內，滅菌後丟棄）。

(7) 取沉澱物。

(二) Ziehl-Neelsen stain

抗酸性染色，也稱為 hot method，其特性為：

1. 染劑濃度高：濃縮的 carbolfuchsin。
2. 時間延長：5~10 分鐘。
3. 蒸氣(steam)：來回加熱冒蒸氣，增加染料穿透性。
4. 步驟

(1) 以接種環取檢體，塗抹至玻片上進行抹片。

(2) 來回加熱乾燥，使檢體固定於玻片上。

(3) 加入濃縮的 carbolfuchsin（暗紅色），並來回加熱 5~10 分鐘，以增加染料的穿透力（勿使染料沸騰或乾掉）。

(4) 以清水洗去多餘染劑（由玻片上緣輕輕沖洗至無色即可）。

(5) 用 acid-alcohol 脫色至流出液呈現無色（紅→無色）。

(6) 以清水洗去酒精。

(7) 以 methylene blue 染 30 秒至 1 分鐘，主要為對照染色，染背景及雜菌呈現藍色。

(8) 以清水洗去多餘染劑。

(9) 加熱或自然風乾。

(10) 用物鏡 100x 的油鏡觀察。

(11) 預期結果：結核分枝桿菌為紅色的桿菌，兩端微彎，比 *Escherichia coli* 小，因使用對照染色的關係，背景及雜菌皆呈現藍色。

(三) 培養(Culture)

1. 將檢體經前處理所得的沉澱物接種於 Lowenstein-Jensen—斜面培養基中，其包含 egg、glycerol、asparagine、孔雀石綠(malachite green)，呈淡綠色。
2. Lowenstein-Jensen 斜面培養基營養豐富，專門用於結核分枝桿菌的培養。

3. 培養溫度：37°C 或 42°C。
4. 培養時間：4~8 星期。
5. 依其生長情形可分為

菌 種	細菌(Bacteria)	菌落邊緣	菌落形態	菌落顏色	培養溫度
人型分枝桿菌	Myco. human type	粗(rough)	硬(tough)	鵝黃色(buff)	37°C
牛型分枝桿菌	Myco. bovis type	平滑(smooth)	軟(soft)	白色(white)	37°C
鳥型分枝桿菌	Myco. avian type	平滑(smooth)	軟(soft)	淡棕色(light brown)	42°C

(四) 生化試驗(Biochemical Test)

1. Niacin test：用於檢驗 human type（因為 human type 會產生 niacin，不會被進一步分解，會堆積在菌落中）。
   (1) 以生理食鹽水將菌落攪散成混懸液。
   (2) 加入等量的 4%苯胺(aniline)染劑和 10%溴化氰(CNBr)。
   (3) Human type 會產生 niacin，堆積在菌落中，niacin 會與染劑作用而呈淡紅色。陰性結果呈淡黃色。
2. Thiophene-2-carboxylic acid hydrazide（TCH，又稱 T2H）test
   (1) 將細菌厚抹於培養基上。
   (2) 將含有 TCH 的紙碇貼上。
   (3) 經過 1~2 個月。有抑制圈出現代表 bovis type。

(五) 動物接種(Animal Inoculation)

1. 以腹腔內注射(intraperitoneal injection)的方式將檢體打入天竺鼠(guinea pig)體內。
2. 6~8 週後，觀察注射處有無腫大、壞死及乾酪樣結節(caseous granulomas)。

實驗報告

系所｜ 姓名｜ 學號｜

結果記錄

1. 請將耐酸性染色法在顯微鏡下所觀察到的結果繪出並說明。
2. 請嘗試說明目前醫學中心常用哪些方法來鑑定分枝桿菌。

問題討論

1. 結核分枝桿菌為何稱為抗酸性細菌？請寫出結核分枝桿菌的特性。
2. 有哪些細菌是抗酸性細菌？常用的抗酸性染色法有哪些？
3. 結核分枝桿菌廣泛分布於患者的哪一個部位？

13 實驗

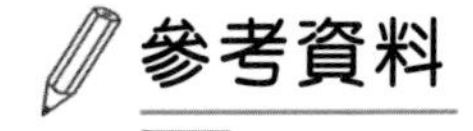

參考資料

實驗

14 白喉棒狀桿菌

(*Corynebacterium diphtheriae*)

白喉棒狀桿菌(*Corynebacterium diphtheriae*)為不產生孢子、不具運動性的革蘭氏陽性桿菌。在臨床上，可以利用下列方法加以確診：(1)革蘭氏染色；(2)以 Albert stain 染出異染小體(metachromatic granules)；(3)細菌培養；(4)毒力試驗及(5)生化試驗。各項確診方法詳細的原理及步驟如下。

一、革蘭氏染色(Gram Stain)

1. 白喉桿菌為革蘭氏陽性菌〔G(+)〕，其長度約 1.5~5 μm，寬度約 0.5~1 μm。
2. 形態：末端為棍棒狀形態(club-shape ends)，單看一個細菌時，有一端膨大或兩端膨大，膨大處為異染小體，成分為磷酸鹽複合物，對染料親和力強。
3. 排列：類似中文字（人、大）。

二、Albert Stain

1. 試劑(reagents)
   (1) Albert solution A：甲苯胺藍(toluidine blue)，孔雀綠(malachite green)。
   (2) Albert solution B：碘液(iodine solution)。
2. 實驗過程
   (1) 抹片(smear)。
   (2) 固定(fixation)。
   (3) 加入 1~2 滴 Albert solution A 作用 3~5 分鐘。
   (4) 沖洗。
   (5) 加入 Albert solution B 作用 1 分鐘。
   (6) 沖洗。
   (7) 乾燥。
   (8) 使用物鏡 100x 油鏡觀察。

3. 結果
   (1) 細胞體(cell body)呈綠色(green)。
   (2) 異染小體呈藍黑色(blue black)。
4. 異染小體又稱 Babes-Ernst body，主要成分為無機磷酸鹽(inorganic phosphate)。
5. *Pseudomonas* 也有異染小體，但卻為 G(－)，可與白喉桿菌做區別。

三、細菌培養(Culture)

1. Pai's Medium：含有葡萄糖(glucose)、全蛋(whole egg)，為白色、富含養分的培養基。
2. 亞銻酸鉀培養基(tellurite medium)為一種鑑別培養基(differential medium)。
   (1) 主要成分：K_2TeO_3（可抑制其他細菌，可將 Te 還原成黑色）。
   (2) 在 37°C 培養 24~48 小時之後，可分為三型：
      A. 重型(var gravis)：灰色大的菌落，沒有溶血的(nonhemolytic)現象。
      B. 輕型(var mitis)：黑色小的菌落，有溶血的(hemolytic)現象。
      C. 中間型(var intermedius)：中間黑色，周圍灰色，大小居中的菌落，沒有溶血的(nonhemolytic)現象。

四、毒力試驗(Virulence Test)

(一) 體外(*in vitro*)試驗－Elek test（測白喉毒素的試驗）

1. 培養基：Loeffler's medium（含 20%的馬血清）。
2. 培養基的製作：使瓊脂(agar)溫度緩慢降低，在瓊脂未凝固前，放入含抗毒素(antitoxin)的濾紙片，將白喉桿菌垂直接種，當其分泌的毒素與抗毒素結合時，會產生白色的沉澱線。
3. 毒素產生的條件
   (1) 噬菌體(phage)的感染：白喉桿菌本身並不會分泌毒素，需受到帶有毒素基因(toxin gene)的噬菌體(phage)感染才會分泌毒素。
   (2) 鐵的含量：當鐵的濃度適量時，約介於 0.14~0.5 μg/mL，毒素基因則被表達出來。

(二) 體內(*in vivo*)試驗

以動物接種(animal inoculation)方法執行，需要 2 隻天竺鼠(guinea pig)。

1. 對照組
   (1) 先以腹腔內的注射(i.p.)方式打入抗毒素 250 unit。
   (2) 2 小時後再打入 4 毫升白喉桿菌培養液(culture suspension)。
   (3) 2~3 天後，觀察其變化情形。
2. 實驗組
   (1) 先以腹腔內的注射方式打入生理食鹽水。
   (2) 2 小時後打入 4 毫升白喉桿菌培養液(culture suspension)。
   (3) 2~3 天，觀察其變化情形。
3. 結果：對照組存活(alive)，實驗組死亡(death)代表白喉桿菌具有分泌白喉毒素的特性。

白喉毒素的致死劑量為 0.1 μg/kg，且只對真核生物(eukaryote)有毒性作用，作用機制為透過抑制 EF-II，抑制蛋白質合成(protein synthesis)。

(三) 細胞培養(Cell Culture)

1. 將細胞培養成單層(monolayer)。
2. 細胞上覆蓋含毒素的 methylcellulose。
3. 觀察細胞是否產生細胞病變效應(cytopathic effect, CPE)。

五、生化試驗(Biochemical Test)

白喉桿菌會發酵某些醣類，例如 glucose(＋)、maltose(＋)、sucrose(－)。

實驗報告

系所｜ 姓名｜ 學號｜

結果記錄

請繪圖或照相並說明於顯微鏡下所觀察到的白喉棒狀桿菌與異染顆粒。

14 實驗

問題討論

1. 請說明白喉毒素的產生與作用機制。
2. 請討論如何預防白喉棒狀桿菌的感染。

參考資料

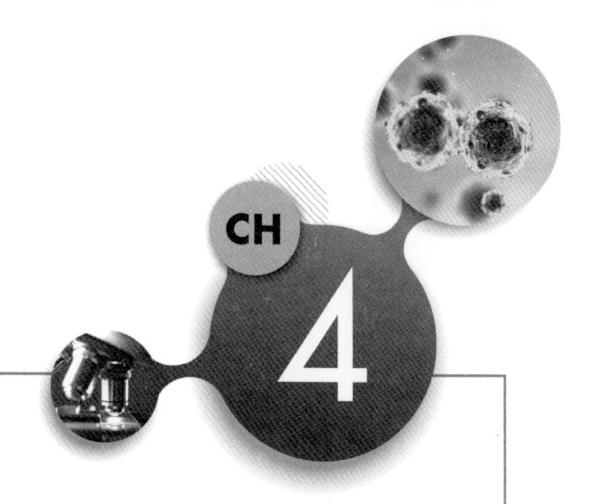

黴菌學實驗

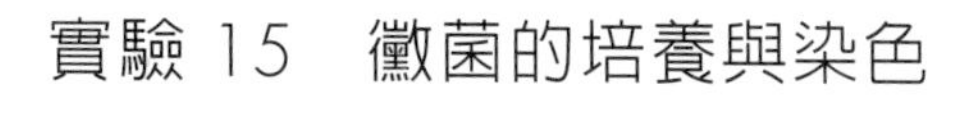

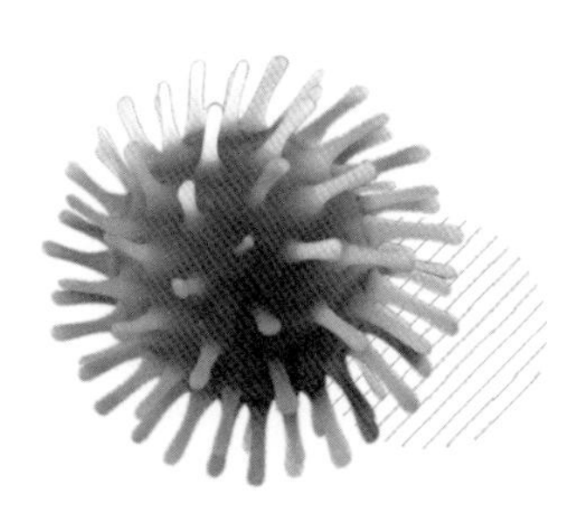

Microbiology Selected Experiments

實驗 15 黴菌的培養與染色 (Culture and Stain of Fungi)

一、黴菌的培養(Culture of Fungi)

1. 專門用於培養黴菌的培養基有：
   (1) 沙保羅氏培養基(Sabouraud's dextrose agar; SDA)：主要含有 glucose、beef extract，pH＝5。
   (2) Brain heart infusion agar (BHI)。
2. 接種工具：鏟形接種針(bend)。
3. 方法
   (1) 培養基平盤—培養用：以 bend 將檢體自培養基表面切入 2~3 處，使菌絲或孢子掉在此切口中，以 25°C 或 37°C 培養之。
   (2) 玻片培養(slide culture)—觀察完整菌絲（見圖 15-1）
      A. 在塑膠培養皿（不含瓊脂，且滅菌）中加入少許水（因為黴菌在潮濕的地方生長較好）。
      B. 在塑膠培養皿中先放入一彎曲的玻璃棒，並在玻璃棒上放一個玻片。
      C. 在玻片上放一個長寬為 1 cm 的培養基，用 bend 挑檢體將黴菌種在裡面。
      D. 在培養基上蓋上蓋玻片。
      E. 置於 25℃或 37℃培養之。
      F. 菌絲生長後將載玻片夾起進行染色，將可觀察到較具完整性的菌絲形態(hyphae morphology)。

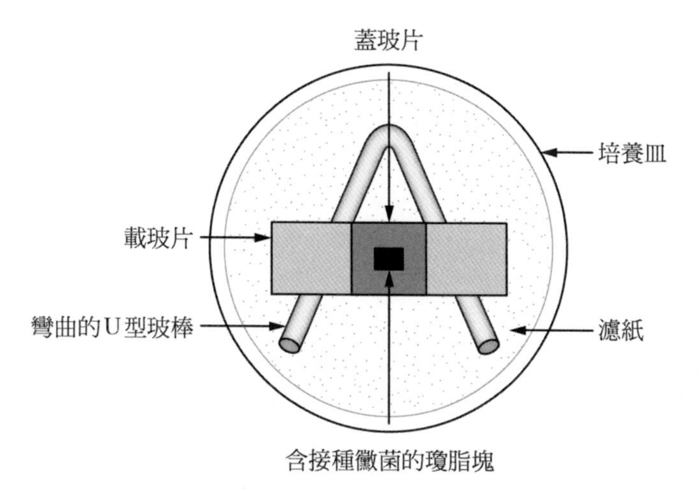

圖 15-1　玻片培養

4. 肉眼觀察
   (1) 生長速度大約為 2~3 天或幾個禮拜，依不同菌種而異。
   (2) 菌落的表面形狀成圓、長、皺摺或凹凸不平。
   (3) 菌落特質，菌絲為粉末狀、顆粒狀、絨毛狀、棉花狀、羽毛狀等。
   (4) 顏色：要看表面和背面，有時表面顏色一樣，但背面不一樣，可由此來判別黴菌的種類。
   (5) 是否含有可溶性色素(soluble pigment)。
   (6) 菌落背面不同的生長型態等。
5. 顯微鏡下觀察：主要觀察菌絲(hypha)（是否有間隔）、孢子(spore)（圖 15-2）。

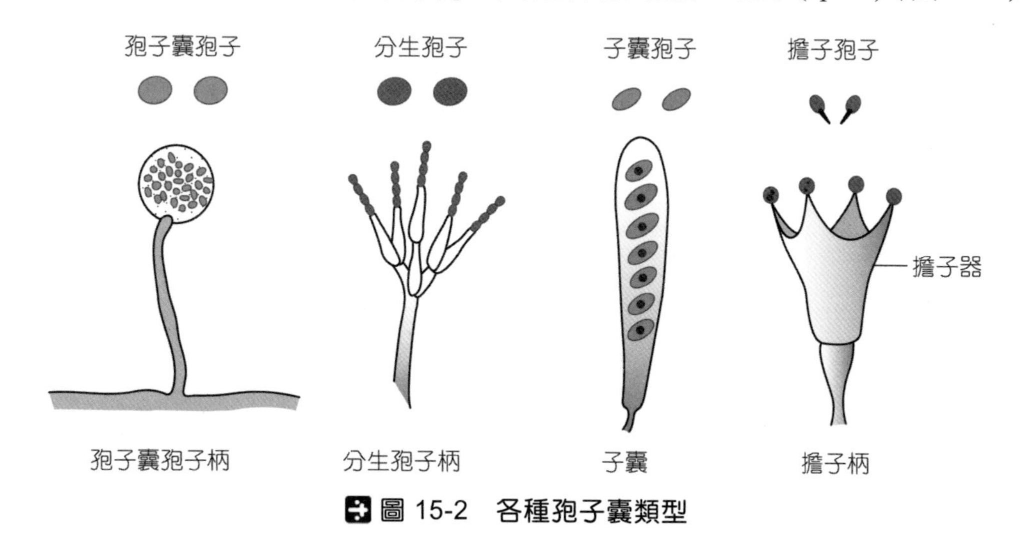

圖 15-2　各種孢子囊類型

15 實驗

二、染色方法(Stain Methods)

1. KOH method

(1) 將少許分散的菌絲塗於玻片上。

(2) 加 1~2 滴 10% KOH 到抹片處。

(3) 蓋上蓋玻片。

(4) 在火上加熱數秒（勿煮沸）或不加熱等 15 分鐘。

(5) 以 100 倍或 400 倍顯微鏡檢查。

※ 多用於皮膚、毛髮及指甲之檢查，因為 KOH 可分解組織中的壞死細胞(death cells)，而使黴菌顯形清晰。

2. Lacto-phenol cotton blue stain

為觀察黴菌菌絲體常用的染色方法，此染色法主要含有三種成分：乳酸(Lactic acid)用來保持黴菌的形態，苯酚(Phenol)為殺菌劑及：棉藍(Cotton blue)為主要染劑。

(1) 以 bend 將少許分散之菌絲塗於玻片上。

(2) 加 1~2 滴之 Lacto-phenol cotton blue。

(3) 蓋上蓋玻片。

(4) 以指甲油或瀝青油固定蓋玻片四周保存。

3. India ink stain：用在某些細胞壁很厚不易染上顏色的黴菌，故染背景(background)。做法同 Lacto-phenol cotton blue，多用於新型隱球菌(*Cryptococcus neoformans*)。

實驗報告

系所｜　　　　　　　　姓名｜　　　　　　　　學號｜

結果記錄

1. 請繪出並說明本實驗所使用黴菌以肉眼觀察之特性。
2. 請畫出本實驗所使用黴菌之菌落及顯微鏡下之形態。

問題討論

1. 請舉例說明黴菌在日常生活中對人類提供的益處。
2. 請試舉例說明黴菌常見的伺機性感染有哪些。

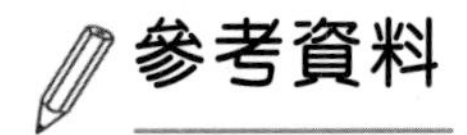

參考資料

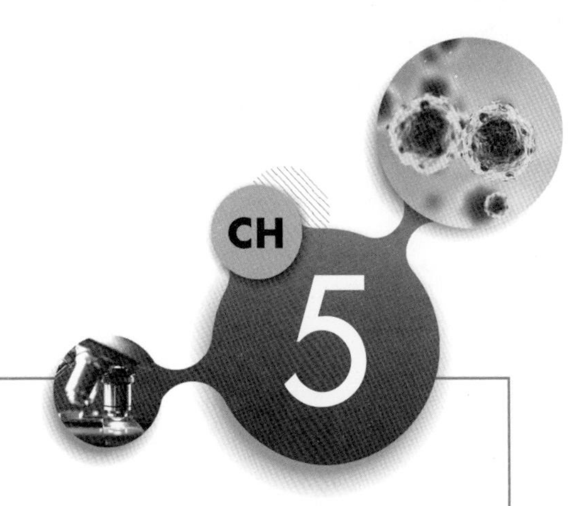

病毒學實驗

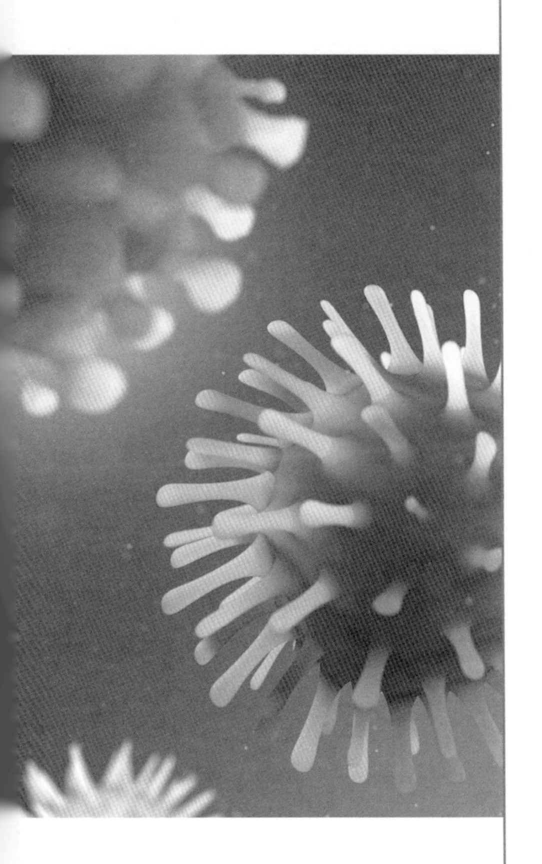

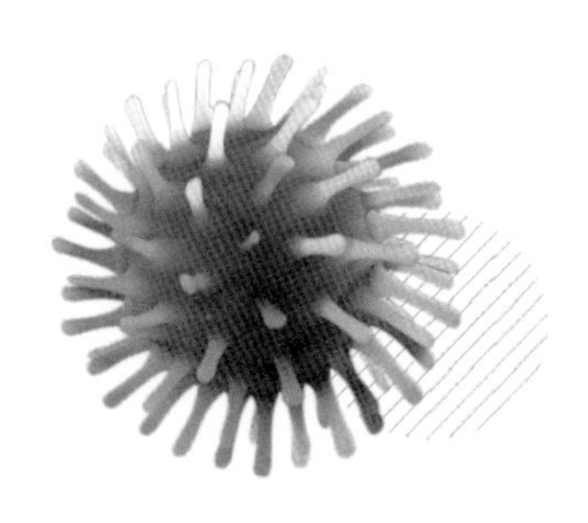

Microbiology Selected Experiments

實驗 16 病毒的分離
(Isolation of Virus)

病毒是一種由核酸及蛋白質外殼組成的顆粒，因為缺乏複雜的代謝合成系統，所以必須在活的細胞中，才能複製繁殖。病毒複製的過程依序為吸附(attachment)、穿透(penetration)、脫殼(uncoating)、複製核酸及合成蛋白質(replication of nucleic acid and synthesis of protein)、組裝(assembly)、釋放(release)。當完整的病毒子代從細胞釋放出來的時候，細胞的型態可能會發生改變，產生細胞病變效應(cytopathic effect, CPE)，因此進行病毒的分離時，可以藉由 CPE 是否形成，確認病毒是否成功的從樣品中分離出來。

一、目的及原理

本實驗主要練習從環境中分離細菌病毒，又稱噬菌體(bacteriophage)。噬菌體可以自土壤、腸內容物、下水道、或是某些昆蟲體內分離出來，但因為環境中的噬菌體濃度非常低，因此必須在樣品中先加入細菌，增加噬菌體的數量，再經由過濾，去除細菌，最後再將處理後的樣品接種到含有細菌的培養基中。若是噬菌體感染細菌，則會在培養基上形成小小的透明斑點，又稱病毒斑(plaque)。

二、實驗材料

1. 下水道樣品。
2. 大腸桿菌菌液。
3. 噬菌體培養液(Bacteriophage nutrient broth)。
4. 5 支含有液態 tryptone soft agar 的試管。
5. 5 片 tryptone agar plate。
6. 玻璃吸管及吸頭。
7. 三角錐瓶。

8. 離心管。
9. 濾紙。
10. 離心機。
11. 水浴槽。

三、實驗步驟

1. 吸取 5 mL 噬菌體培養液、5 mL 大腸桿菌菌液及 45 mL 下水道樣品，放到 250 mL 無菌的三角錐瓶中。
2. 將三角錐瓶放到 37°C 培養 24 小時，增殖噬菌體。
3. 將培養液倒入離心管中，離心 2,500 rpm，20 分鐘，沉澱細菌。
4. 將離心後的上清液收集到新的離心管中，再利用濾紙過濾，收集過濾液。
5. 取 5 支含有液態 tryptone soft agar 的試管，分別滴入 1、2、3、4、5 滴的過濾液，再各加入 0.1 mL 大腸桿菌菌液。
6. 混合均勻後，分別倒入 5 片 tryptone agar plate 中。
7. 等到培養基凝固，將培養基倒置，放到 37°C 培養 24 小時。

實驗報告

系所｜　　　　姓名｜　　　　學號｜

結果記錄

觀察培養基上有無病毒斑的形成，並計算各盤中病毒斑的數量。

16 實驗

問題討論

1. 噬菌體在醫學上可能有什麼用途？
2. 什麼是病毒斑形成單位(plaque-forming unit, PFU)？

16 實驗

參考資料

噬菌體溶菌斑計數
(Bacteriophage Plaque Count)

噬菌體(bacteriophage)是一種以原核細菌為宿主的病毒(virus)。噬菌體和宿主間具高度專一性，必須能夠吸附菌體表面後才能進入細菌體內寄生，進而大量複製病毒子代，最後使菌體溶解再釋放出新的噬菌體子代。

一、目的與原理

噬菌體溶菌斑計數是觀察細菌被噬菌體侵蝕後的溶解現象。根據其溶菌斑的數目計算出噬菌體數目，並以每毫升有多少溶菌斑的形成單位(plaque forming unit, PFU/mL)來表示噬菌體溶菌能力或濃度。

二、實驗材料

1. M13 bacteriophage。
2. LB 液體培養基。
3. Molten top agar。
4. 營養培養基平盤。

三、實驗步驟

1. 噬菌體的稀釋：取 1 小片病毒斑放入試管中，進行 10 倍連續稀釋。
2. 取單一菌落接種於培養液中，於 37°C 培養隔夜後，離心 5,000 rpm，10 分鐘，收集菌體。再以 1/4 體積培養液懸浮菌體。
3. 將稀釋過之 phage 取 100 μL 至上述處理完畢之菌液(200 μL)混合，於室溫下作用 5 分鐘。

4. 加入 2.5 mL 之 molten top agar（於 55°C），混合均勻後，倒入營養培養基的表面，輕輕搖晃使其均勻散布於營養培養基上。
5. 室溫靜置，待瓊脂凝固後，倒置培養隔夜。
6. 計算溶菌斑的數目(N)。取介於 30~300 溶菌斑的平盤上的數目（圖 17-1）。
7. 溶菌斑形成單位(plaque forming unit, PFU)/mL＝N×稀釋倍數×10。

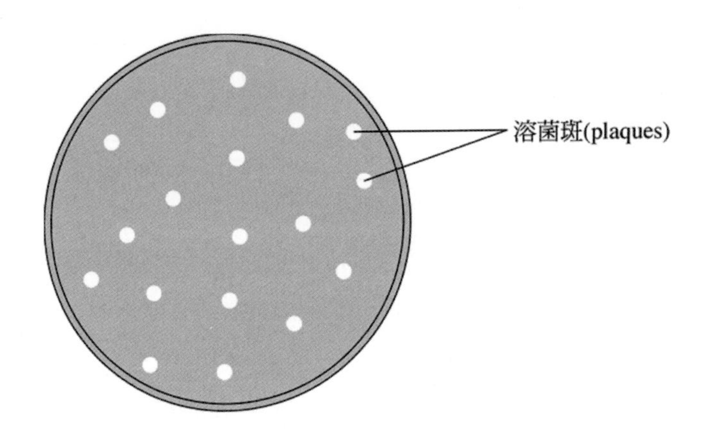

圖 17-1　噬菌體所形成之溶菌斑

實驗報告

系所｜　　　　　　姓名｜　　　　　　學號｜

結果記錄

請將實驗結果所出現之溶菌斑照相或繪圖，並且估算溶菌斑形成的單位(PFU/mL)。

17 實驗

問題討論

1. 噬菌體與細菌室溫作用 5 分鐘的目的為何？
2. 承上，若作用時間過長可能會有什麼影響？

17 實驗

參考資料

實驗 18 血球凝集試驗與血球凝集抑制試驗

(Hemagglutination Test and Hemagglutination Inhibition Test)

一般進行病毒診斷的方法有：(1)補體固定試驗(complement fixation test)；(2)中和試驗(neutralization test)；(3)血球吸附試驗(hemadsorption test)；(4)血球凝集試驗(hemagglutination test, HA)；(5)血球凝集抑制試驗(hemagglutination inhibition test, HI)及(6)酵素連結免疫吸附分析法(enzyme-linked immunosorbent assay, ELISA)。

18-1 血球凝集試驗

一、原　理

病毒表面具有血球凝集素(hemagglutinin)，可與紅血球上之接受體(sialic acid)結合，而產生血球凝集現象。

二、實驗材料

1. 病毒液。本實驗所用之病毒為新城雞瘟病毒(Newcastle disease virus)，為副黏液病毒科(*Paramyxoviridae*)的成員，主要感染宿主為家禽。
2. 生理食鹽水。
3. 0.75%紅血球懸浮液。
4. 10 支試管
5. 玻璃吸管及吸球。

三、實驗步驟

1. 連續稀釋病毒。
   (1) 第 1 支試管加 0.9 mL 之生理食鹽水，其餘 9 支試管加 0.5 mL。
   (2) 第 1 支試管加 0.1 mL 之病毒，混合（此為 10 倍稀釋）。
   (3) 由第 1 支試管之混合液中取 0.5 mL 至第 2 支試管內混合（此為 2 倍稀釋）。
   (4) 將第 2 支試管之混合液取 0.5 mL 至第 3 支試管內混合，依此類推（2 倍連續稀釋）。

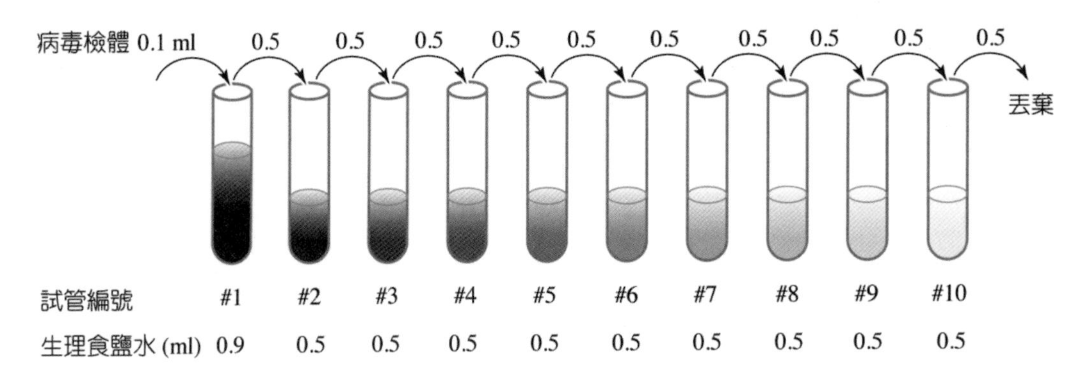

圖 18-1 連續稀釋病毒的實驗流程

2. 每支試管各加入 0.5 mL 之 0.75%紅血球懸浮液。吸取紅血球懸浮液前要先搖晃，使沉在瓶底的紅血球能均勻分布。
3. 將含有病毒液及紅血球懸浮液的試管搖晃均勻後，置於 4°C 靜置培養 60 分鐘。將試管置於 4°C 可以抑制神經胺酸酶(neuraminidase)的活性，也可抑制其他雜菌的生長。

四、結果判讀

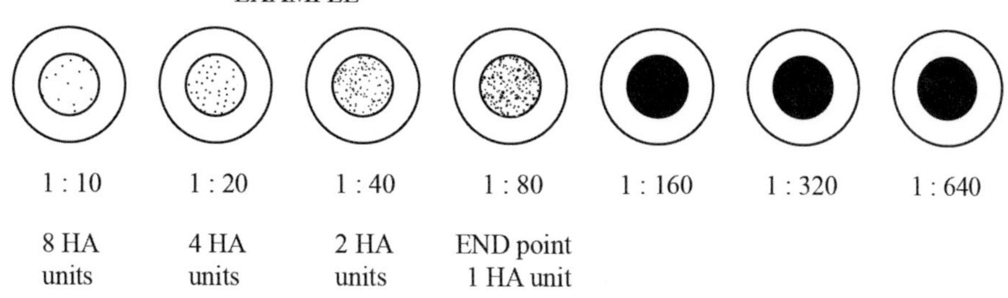

血球凝集抑制試驗

一、原 理

利用抗體與病毒進行特異性結合後，而可抑制病毒凝集紅血球的試驗。本實驗主要的目的為測定檢體之抗體效價(antibodies titer)，以 4 HA units 之病毒濃度為標準。

二、實驗材料

1. 病毒濃度為 4 HA units 的病毒液。本實驗所用之病毒為新城雞瘟病毒(Newcastle disease virus)。
2. 血清。
3. 生理食鹽水。
4. 0.75%紅血球懸浮液。
5. 7 支試管
6. 玻璃吸管及吸球。

三、實驗步驟

1. 連續稀釋血清。
   (1) 第 1 支試管加 0.9 mL 之生理食鹽水，其餘 6 支試管加 0.5 mL。
   (2) 第 1 支試管加 0.1 mL 之血清，混合（此為 10 倍稀釋）。
   (3) 由第 1 支試管之混合液中取 0.5 mL 至第 2 支試管內混合（此為 2 倍稀釋）。
   (4) 將第 2 支試管之混合液取 0.5 mL 至第 3 支試管內混合，依此類推（2 倍連續稀釋）。
2. 每支試管各加入 0.5 mL 病毒濃度為 4 HA units 的病毒液。
3. 搖勻後，置於室溫培養 30 分鐘。這個步驟是要讓血清中的抗體跟病毒結合。
4. 每支試管各加入 1 mL 之 0.75%紅血球懸浮液。吸取紅血球懸浮液前要先搖晃，使沉在瓶底的紅血球能均勻分布。
5. 將含有血清、病毒液及紅血球懸浮液的試管搖晃均勻後，置於 4°C 靜置培養 30~60 分鐘。

四、結果判讀

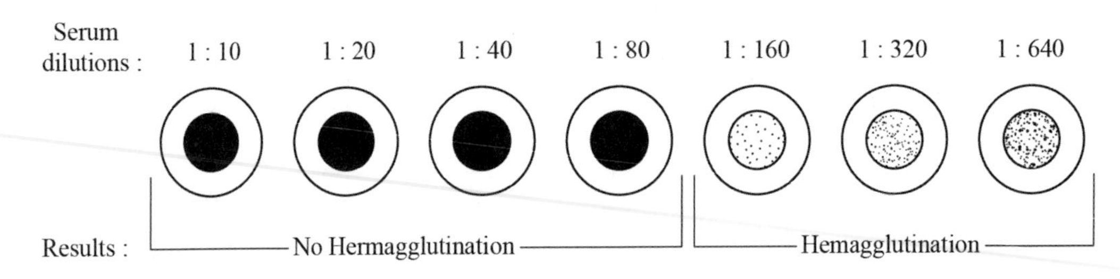

一般而言，以急性期(acute stage)和恢復期(convalescent stage)之對血清(paired serum)進行診斷，若恢復期抗體效價較急性期增加 4 倍以上，則表示已受感染。

實驗報告

系所｜　　　　　　姓名｜　　　　　　學號｜

18-1　血球凝集試驗

結果記錄

此病毒檢體的濃度為何？並說明判讀的依據為何？

問題討論

1. 請問血球凝集試驗是否可以用來診斷檢體中病毒的種類？為什麼？
2. 可以造成血球凝集現象的病毒，在人體內是否會造成凝血作用？為什麼？

18 實驗

參考資料

18-2　血球凝集抑制試驗

結果記錄

請記錄血清檢體之抗體效價為何，並說明判讀的依據。

18 實驗

問題討論

1. 通常恢復期抗體效價較急性期增加 4 倍以上，則表示已受感染。請問恢復期及急性期的採血時間間隔多久？另外，為何要比較兩次抗體效價的差異才可確診呢？
2. 某些傳染病只需要採血確認特異性抗體呈現陽性，而不需比較抗體效價的變化，就可以確診。請舉出兩種傳染病的例子，並簡單解釋原因。

參考資料

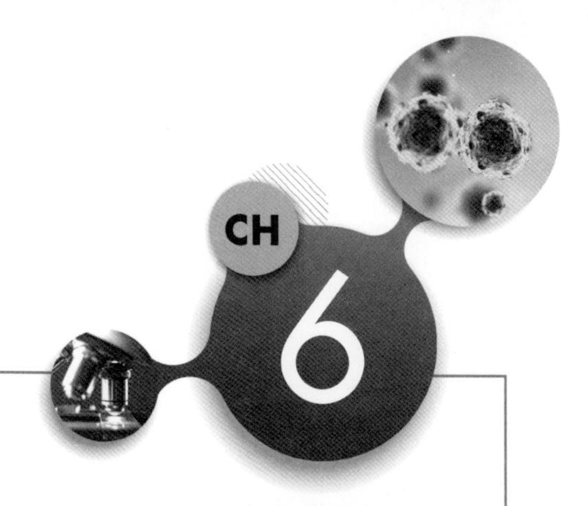

細菌遺傳學實驗

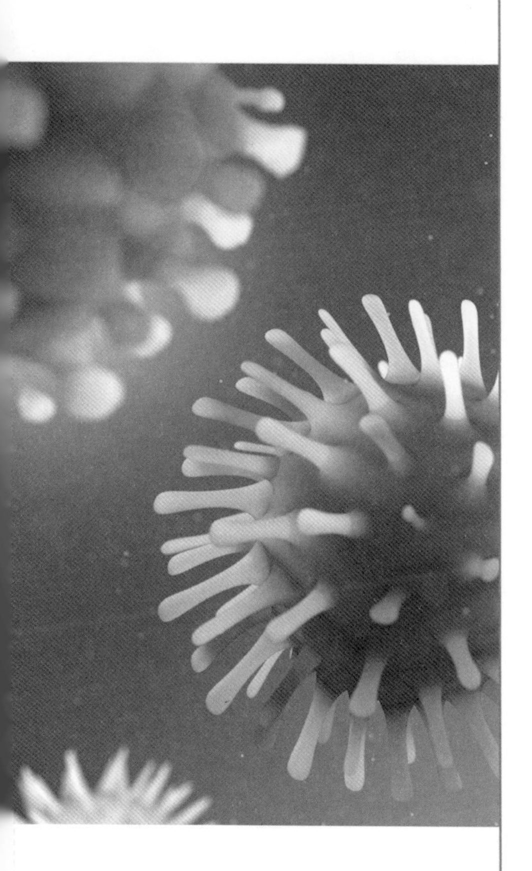

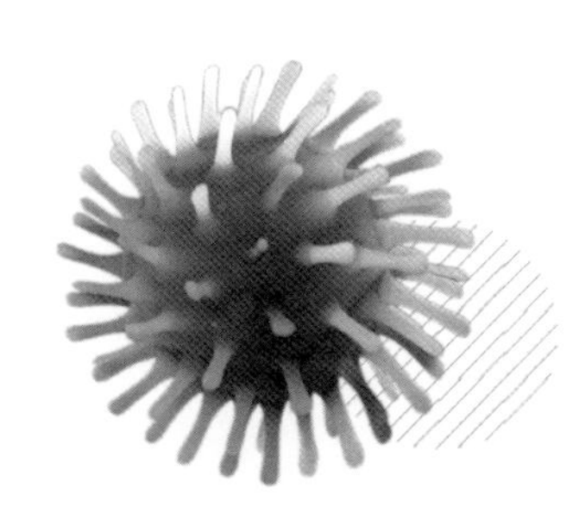

Microbiology Selected Experiments

19 形質轉換 (Transformation)

本實驗證明細菌的遺傳物質可以經由形質轉換來傳給另外的細菌。實驗原理為將細菌的 DNA 和活的細菌培養在一起，此細菌的 DNA 含有致病力，而其他活細菌的 DNA 沒有致病力，如果混合在一起，則沒有致病力的活細菌會變成有致病力的細菌，如此就可以證明此 DNA 進入沒有致病力的細菌體內，例如肺炎雙球菌 (*Streptococcus pneumoniae*)之莢膜實驗（圖 19-1）。

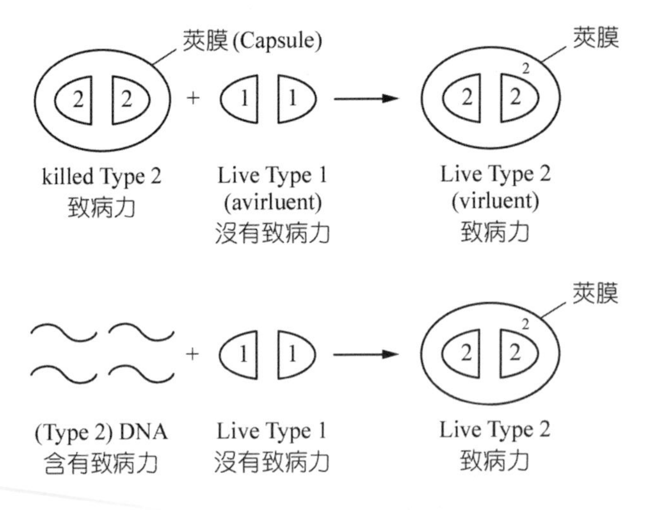

圖 19-1　形質轉換

一、目 的

主要為了瞭解形質轉換的過程，和表現型(phenotype)的作用。

二、實驗材料

1. Virulent *Pneumococci*。
2. Avirulent *Pneumococci*。
3. Trypticase soy broth。
4. Trypticase soy agar plate。

三、實驗步驟

(一) 第一部分

1. 首先準備 trypticase soy broth 和 trypticase soy agar plate。
2. 把沒有致病力的 avirulent *Pneumococci* 放入 *A* 試管和 *B* 試管中，然後把殺死的致病 virulent *Pneumococci* 放入 *A* 試管而不放入 *B* 試管，*B* 試管作為控制組，*A* 試管作為實驗組。
3. 在 37°C 培養箱中培養 24 小時。
4. 將這些菌由試管接種至 trypticase soy agar plate，並放入 37°C 培養箱培養 24 小時，觀察記錄結果（如圖 19-2）。

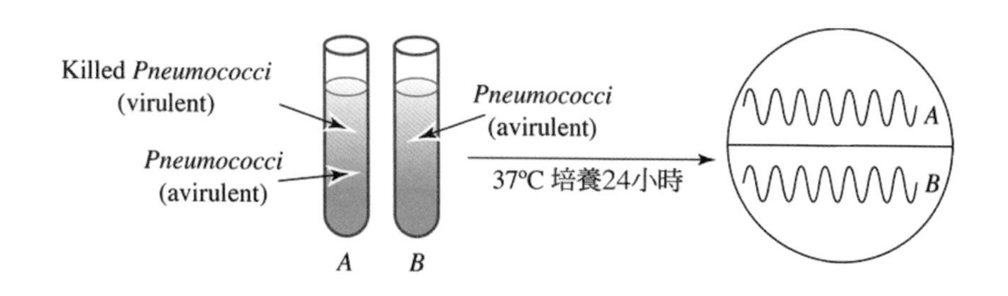

圖 19-2　細菌形質轉換實驗流程

19 實驗

(二) 第二部分

1. 首先準備 trypticase soy broth 和 trypticase soy agar plate。
2. 將沒有致病力的 avirulent *Pneumococci* 接種入 *A* 試管和 *B* 試管中，然後把有致病力的 virulent *Pneumococci* 的 DNA，放入 *A* 試管中而不放入 *B* 試管。
3. 於 37°C 培養箱中培養 24 小時。
4. 將 *A* 試管和 *B* 試管中的細菌分別接入 trypticase soy agar plate 上，放入 37°C 培養箱中，培養 24 小時，觀察並記錄結果（如圖 19-3）。

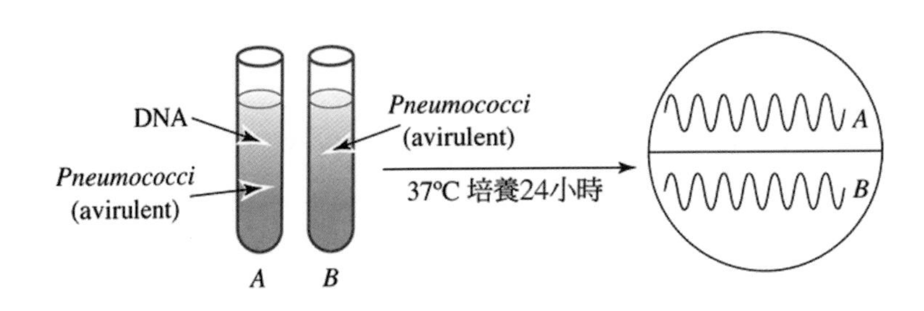

圖 19-3 細菌形質轉換實驗流程

實驗報告

系所｜　　　　姓名｜　　　　學號｜

結果記錄

1. 第一部分實驗中，A 試管及 B 試管的細菌會形成平滑或粗糙的菌落？
2. 第二部分實驗中，A 試管及 B 試管的細菌會形成平滑或粗糙的菌落？

19 實驗

問題討論

1. 由第一部分和第二部分的實驗中哪一組說明了形質轉換？
2. 實驗中形質轉換可否發生在不同種細菌上，如果可以怎麼解釋？
3. 請說明自然界的高等動物中是否可發生形質轉換？

19 實驗

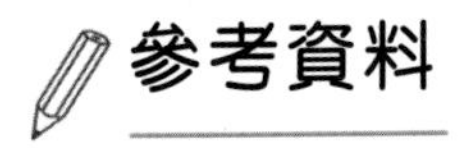

參考資料

實驗 20 接合作用 (Conjugation)

接合作用是由 F^+ 細菌經由性線毛(pilus)傳遞 DNA 到 F^- 細菌的過程。這細菌捐贈者(donor)被命名為 F^+，是因為其含有授精因子(F factor)，而 F^- 細菌則沒有。接合作用對於細菌可提供某些抗生素或基因的能力，但是對於細菌本身生存並沒有重要的關係。

接合作用的過程中，F^+ 細菌的線毛，把細菌帶移靠近 F^- 細菌，經接觸後，使 F^- 細菌變成 F^+ 細菌。接合作用是一種很重要的傳遞基因的方法，整個過程可由圖 20-1 表示。

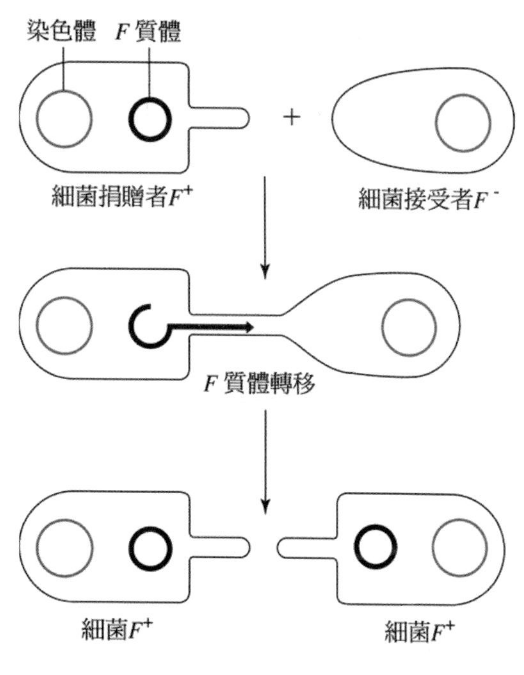

圖 20-1　接合作用

一、目的

利用實驗方法進一步瞭解遺傳的概念，證明細菌的接合作用，以及接合作用在傳遞基因上的重要性。

二、實驗材料

1. Trypticase soy broth 含 *Escherichia coli* K12 F^+。
2. Trypticase soy broth 含 *Escherichia coli* K12 F^-。
3. Trypticase soy agar plate 不含 arginine。
4. Trypticase soy agar plate 含 arginine。

5. Trypticase soy agar plate 不含 histidine。
6. Trypticase soy agar plate 含 histidine。
7. Trypticase soy agar plate 不含 histidine 和 arginine。
8. Trypticase soy agar plate 含 histidine 和 arginine。

三、實驗步驟

1. 首先準備六種培養皿，如圖 20-2 所示：

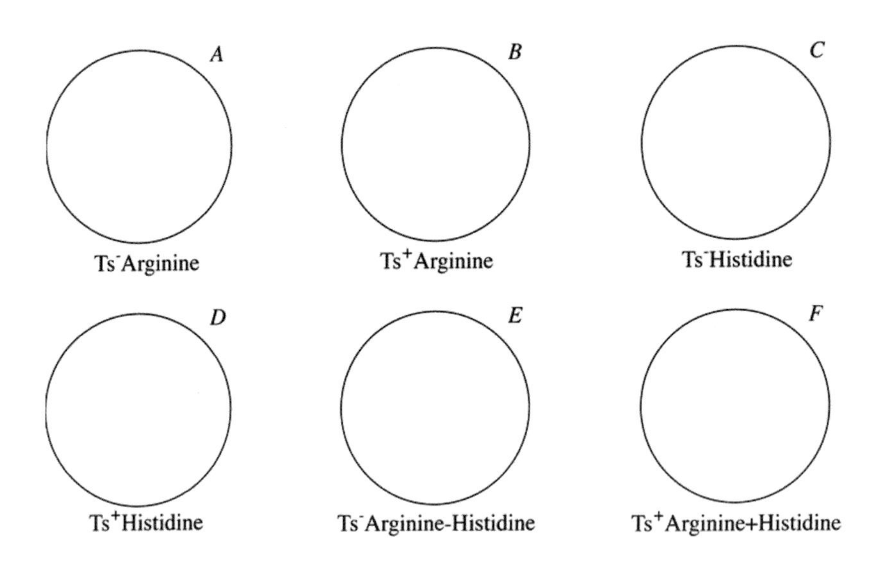

圖 20-2

2. 然後把 *Escherichia coli* K12 F^+ 接入 *A* 和 *B* 培養皿，把 *Escherichia coli* K12 F^- 接入 *C* 和 *D* 培養皿。最後把 *Escherichia coli* F^+ 和 F^- 接入 *E* 和 *F* 培養皿。
3. 把上面六個培養皿移到培養箱，37°C 培養 48 小時，然後觀察及詳細記錄。

實驗報告

系所｜　　　　　姓名｜　　　　　學號｜

結果記錄

1. *A* 培養皿中 *Escherichia coli* K12 F^+的生長情形。
2. *B* 培養皿中 *Escherichia coli* K12 F^+的生長情形。
3. *C* 培養皿中 *Escherichia coli* K12 F^-的生長情形。
4. *D* 培養皿中 *Escherichia coli* K12 F^-的生長情形。
5. *E* 培養皿中 *Escherichia coli* K12 F^+和 F^-的生長情形。
6. *F* 培養皿中 *Escherichia coli* K12 F^+和 F^-的生長情形。

問題討論

1. 請解釋上面實驗結果差異的原因？
2. 為何 *F* 培養皿中 *Escherichia coli* K12 F^+ 和 F^- 在一起能生長，且此菌又是什麼菌？
3. 哪一組培養皿有接合作用的發生？

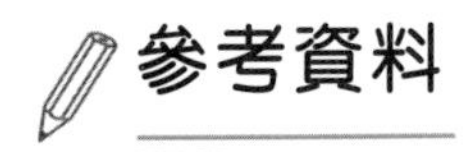

參考資料

參考資料 | Reference

1. Cappuccino, J. G., & Sherman, N. (2017). Microbiology: a laboratory manual, 11th ed. California: Pearson/Benjamin Cummings Publishing company, Inc.
2. Johnson, T. R. & Case, C. L. (2018). Laboratory experiments in microbiology. 12th ed., California: Pearson/Benjamin Cummings Publishing company, Inc.
3. Sambrook, J., *et al.* (2012). Molecular cloning: a laboratory manual, 4th ed. New York: Cold Spring Harbor Laboratory Press.
4. 蔡文城編著(2017)，實用臨床微生物診斷學，第十一版，台北：九州圖書文物有限公司。
5. 王雯靜等編著(2008)，醫護微生物學實驗，第三版，新北：新文京開發出版有限公司。
6. 美國國家醫學圖書館生物科技資訊中心(National Center for Biotechnology Information). http://www.ncbi.nlm.nih.gov/
7. 世界衛生組織(World Health Organization). http://www.who.int/en/
8. 國家衛生研究院(National Health Research Institute). http://nhri.org.tw

MEMO

MEMO

國家圖書館出版品預行編目資料

微生物學實驗/方世華, 吳禮字, 李珍珍, 李哲欣,
洪千惠, 陳筱晴, 項千芸, 劉昭君, 賴志河,
鍾景光, 盧敏吉, 陳惠珍, 潘怡均編著. --
第七版. -- 新北市：新文京開發出版股份有限
公司, 2023. 05
面；　公分

ISBN　978-986-430-925-2（平裝）

1.CST: 微生物學　2.CST: 實驗

369.034　　112006577

微生物學實驗（七版）　（書號：B101e7）

編著者	方世華　吳禮字　李珍珍　李哲欣　洪千惠 陳筱晴　項千芸　劉昭君　賴志河　鍾景光 盧敏吉　陳惠珍　潘怡均
出版者	新文京開發出版股份有限公司
地址	新北市中和區中山路二段 362 號 9 樓
電話	(02) 2244-8188（代表號）
FAX	(02) 2244-8189
郵撥	1958730-2
第五版	西元 2015 年 08 月 20 日
第六版	西元 2020 年 04 月 17 日
第七版	西元 2023 年 05 月 15 日

　建議售價：280 元

法律顧問：蕭雄淋律師

ISBN　978-986-430-925-2

New Wun Ching Developmental Publishing Co., Ltd.
NEW WCDP
New Age · New Choice · The Best Selected Educational Publications—NEW WCDP